计算机

科学与技术丛书·新形态教材

单片机接口扩展设计与Proteus仿真

深入理解51单片机项目开发

C语言版·微课视频版

王 博 ◎ 编著

清华大学出版社

北京

内 容 简 介

本书着眼于单片机片内资源基础知识,通过典型应用实例,介绍单片机的接口扩展技术,以解决单片机开发过程中资源不足的问题。本书分三部分,共19章。第一部分为基础部分,介绍系统开发中接口地址译码电路设计,介绍MCS-51接口扩展的硬件基础,包括三总线扩展时序、控制信号和典型应用器件,给出典型的8路、16路片选地址译码方案和一个带有时钟、复位、后备电源的主控单元设计方案。第二部分为资源扩展部分,包括第4~16章,介绍在片内资源基础上进行常用接口扩展设计。第三部分为综合应用部分,给出3个典型应用设计电路和程序,包括C大调和弦合成器(第17章)、日历时钟温度计(第18章)和智能家居综合安防系统(第19章)。

本书可作为高等学校电子信息类专业单片机学习、课程设计、毕业设计及电子设计类竞赛指导用书,也可供从事嵌入式系统开发的工程技术人员参考。

图书在版编目(CIP)数据

单片机接口扩展设计与Proteus仿真:深入理解51单片机项目开发:C语言版:微课视频版/王博编著.—北京:清华大学出版社,2022.6

(计算机科学与技术丛书)

新形态教材

ISBN 978-7-302-60307-8

Ⅰ.①单… Ⅱ.①王… Ⅲ.①单片微型计算机－C语言－程序设计－教材 Ⅳ.①TP368.1 ②TP312.8

中国版本图书馆CIP数据核字(2022)第039228号

责任编辑:曾 珊 李 晔
封面设计:吴 刚
责任校对:韩天竹
责任印制:丛怀宇

出版发行:清华大学出版社
  网   址:http://www.tup.com.cn,http://www.wqbook.com
  地   址:北京清华大学学研大厦A座   **邮   编:**100084
  社 总 机:010-83470000   **邮   购:**010-62786544
  投稿与读者服务:010-62776969,c-service@tup.tsinghua.edu.cn
  质量反馈:010-62772015,zhiliang@tup.tsinghua.edu.cn
  课件下载:http://www.tup.com.cn,010-83470236
印 装 者:三河市金元印装有限公司
经   销:全国新华书店
开   本:185mm×260mm   **印   张:**15.75   **字   数:**383千字
版   次:2022年8月第1版   **印   次:**2022年8月第1次印刷
印   数:1~1500
定   价:69.00元

产品编号:092378-01

前 言
PREFACE

本书以 MCS-51 为模型机，介绍单片机的接口扩展技术；原理设计部分以 AT89C51 为主控芯片，选用 Keil μVision 3.0 为开发平台，以 C51 作为开发语言。

本书重点不在于介绍单片机开发的基本原理和技术，而是着眼于 51 单片机接口的扩展，以解决 51 系列单片机开发中存在的资源不足问题，包括：

√ 如何扩展出 8 路 RS232/RS485 标准的串行通信接口，使 51 单片机具有多机远程通信能力？

√ 如何为单片机扩展出 IIC 总线接口？

√ 如何为单片机扩展出功率接口？

√ 如何实现多路模拟量同步输出？

√ 如何为单片机扩展 USB 接口，使单片机具有连接 USB 设备的能力？

......

本书将一个资源足够丰富的单片机系统呈现给读者，包括 32KB ROM＋2KB RAM 单元、32 路 I/O 单元、16 路外部中断源单元、6 路定时计数器单元、4 路或 8 路 TTL/CMOS 串行通信接口单元、4 路 RS485 通信单元、6 路模拟量同步输出单元、USB 接口、IIC 接口等。各单元综合考虑，预留地址空间，单独封装，成为可独立使用的模块。同时，在书中给出的整体系统中，地址、中断等公共资源不相互重复，便于读者根据具体设计需要，裁剪取舍相应单元，构造自己需要的应用系统。每个单元给出接口扩展原理图和参考程序，方案独特，可解决特殊问题。各模块自成一体，在 I/O 线、端口地址、中断上相互独立，互不影响，各模块既有相对独立的功能，又可集成在一起成为一个整体运行。在设计时考虑资源冗余，便于扩展和取舍。

本书是作者多年单片机系统教学及开发经验的总结，综合了许多在实际应用系统开发和指导学生课外项目开发过程中遇到的实际问题的解决方案，对单片机项目开发、大学生挑战杯、大学生创新项目都有极好的参考价值。本书的案例设计均基于 MCS-51 单片机，但其接口扩展思路和接口电路对于其他单片机（如 AVR、PIC）以及 80x86 微机系统也具有参考价值。

本书配有微课视频、仿真文件等资源，请扫描二维码获取。

本书由王博编写和统稿，由王信卓完成所有原理设计与仿真。

资源

编 者

2022 年 2 月

目 录
CONTENTS

第三部分　综 合 应 用

第一部分　接口地址译码电路

　　总线扩展时序是单片机系统扩展的理论基础,三总线扩展接口是单片机系统设计的硬件基础,而接口设计是系统设计的核心技术。本部分简要介绍端口编址方式、外部总线扩展原理与时序、总线扩展电路。包括:

　　第 1 章　接口及端口编址方式

　　介绍系统开发中接口地址译码电路设计。

　　第 2 章　外部总线扩展

　　介绍 MCS-51 接口扩展的硬件基础。

　　第 3 章　主控单元及地址译码电路

　　介绍一个具有较完备功能的主控单元。

接口及端口编址方式

1.1 接口及其基本功能

接口设计是单片机应用系统乃至计算机应用系统设计的核心。

1. 接口

接口(Interface)是 CPU 连接外部设备的中间电路,介于 CPU 和外设之间,以解决 CPU 和外部设备信息交换中存在的不匹配问题,具体包括:

信号形式不匹配——模拟信号与数字信号。真实信号是模拟的,而 CPU 是数字化设备,只能处理数字信号。

信号格式不匹配——串行数据和并行数据。CPU 处理并行数据,而许多外设处理的是串行数据,如网卡、调制解调器、遥控器、IIC 器件等。

CPU 和外设运行速度之间的不匹配——高速 CPU 和低速外设。作为信息交换的发送方和接收方,CPU 和外设在运行速度上不在一个数量级,CPU 在纳秒级,外设在微秒甚至毫秒级,低速外设会降低高速 CPU 的工作效率。

2. 基本功能

接口电路位于主机和外围设备之间,通过系统总线连接主机和外设,协助完成 CPU 对外设的控制及 CPU 与外设之间的数据传送。基本功能包括:

数据缓冲——在接口电路中设置数据端口,实现 CPU 和外设之间输入/输出数据的缓冲和锁存。

接收并执行 CPU 指令——将其转换为外部设备所需的操作命令,控制外设完成相应操作。

记录外设状态——供 CPU 查询。

1.2 端口与端口地址

接口中 CPU 可访问的寄存器称为端口,是 CPU 控制接口的媒介,CPU 与外部设备的数据信息交换通过对端口的访问实现。

1. 端口

CPU 对接口的访问,实际上是对接口中数据寄存器、控制寄存器和状态寄存器的访问,见图 1-1。接口内部寄存器称为 I/O 端口,物理上端口相当于内存中的存储单元,CPU 借助状态端口了解外设的当前状态,通过控制端口和数据端口,实现对外设的控制和数据传输。I/O 操作是对 I/O 端口的操作,而不是对 I/O 设备的操作,CPU 访问的是与 I/O 设备相关的端口,而不是 I/O 设备本身。

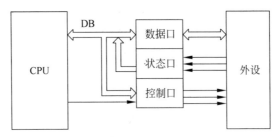

图 1-1　CPU 与外设接口

对于 CPU 来说,数据端口可读可写,状态端口只读,控制端口只写。系统一般有若干接口连接若干外设,每个接口有若干端口,供 CPU 访问。

2. 端口地址

类似于内存中的存储单元,端口有唯一可识别编号,即端口地址。

1.3　编址方式

计算机系统中存在两种类型的地址,即内存单元地址和端口地址。内存单元地址标识内存中的存储单元,端口地址标识接口中的端口。

1. 统一编址(也称存储器映射编址)

将接口中的端口看作内存中的存储单元,与内存中所有的其他存储单元一起,统一编址,地址分布见图 1-2(a)。不设置专门的 I/O 访问指令,访问内存单元的指令也可用于访问端口。

2. 独立编址

内存中的存储单元和 I/O 接口中的端口各自独立编址,设置独立的 I/O 指令对端口进行操作,I/O 指令短,执行速度快,地址分布见图 1-2(b)。

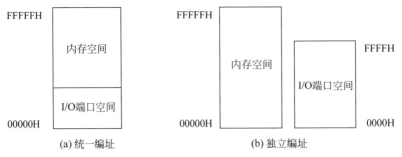

图 1-2　统一编址和独立编址

1.4　数据交换方式

CPU与外部设备的数据交换方式,决定了系统的实时性和CPU工作效率。

1. 查询方式

CPU通过程序查询相应设备的状态,若状态不符合要求,则CPU不进行I/O操作,需要等待。只有当状态符合要求时,CPU才进行I/O操作。

2. 中断控制方式

外部设备主动通知CPU准备发送或接收数据。当外设需要与CPU进行数据交换时,由中断接口向CPU发出中断请求信号,待CPU响应这一中断请求后,通过中断服务程序完成I/O信息交换。CPU与外设并行工作,提高了CPU的工作效率。

3. 直接存储器存取方式

直接存储器存取(Direct Memory Access,DMA)方式是由硬件执行I/O交换的方式,由DMA控制器实现内存与外设之间的直接快速传送,传输效率高,减轻了CPU负担,适用于CPU和外设之间大批量数据块的高速传送。

1.5　接口地址译码电路设计

接口地址译码电路产生系统扩展所需要的片选信号,决定端口地址的分布空间。

1. 片选信号

系统采用总线方式实现各单元之间的连接,以简化系统结构。CPU以分时复用方式使用三总线,与内存RAM及外设接口实现指令、状态和数据的传输。为保证正常传输信息,CPU必须控制连接在总线上的单元,在任一时刻只有一个单元使用总线与CPU交换信息。每个单元有一个使能(或称片选)信号$\overline{\text{CS}}$。当$\overline{\text{CS}}$无效时,该单元和三总线处于高阻态,逻辑上完全断开。当$\overline{\text{CS}}$有效时,该单元和三总线相连接。CPU通过片选信号$\overline{\text{CS}}$控制各单元连接或断开总线,实现对总线的分时复用,见图1-3。

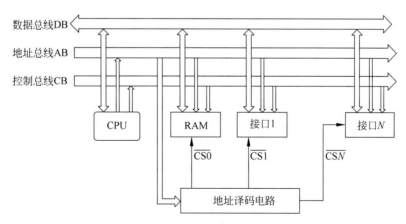

图1-3　片选信号$\overline{\text{CS}}$功能示意图

2. 端口地址译码电路

译码电路的输入信号一般由地址总线高位地址提供。

高位地址:产生片间选择信号 $\overline{CS}$,选择接口芯片,称为片选信号。包括线选法和译码法。

低位地址:产生片内端口选择信号,选择接口内部的数据端口、状态端口和控制端口。

线选法:一条地址线作为一个端口的片选信号,适用于端口不多的小系统。

译码法:用地址译码器产生片选信号线,适用于端口多的较复杂系统。译码法可以产生更多的片选信号。

## 第 2 章

外部总线扩展

地址总线(AB)、数据总线(DB)和控制总线(CB)是系统扩展的基础。本章介绍外部三总线扩展信号、时序、常用器件和典型设计方案。

2.1 外部总线扩展原理与时序

系统借助地址总线、数据总线和控制总线实现程序存储器、数据存储器和 I/O 接口扩展。

1. 总线扩展信号与时序

MCS-51 外部总线扩展所涉及信号包括:

地址总线(A0～A15)——由 P2 口提供高 8 位地址线 A8～A15,P0 口以分时复用方式提供低 8 位地址线 A0～A7,ALE 为低 8 位地址锁存信号。

数据总线(D0～D7)——P0 口以分时复用方式提供 8 位数据线 D0～D7。

控制总线($\overline{RD}$、$\overline{WR}$、$\overline{PSEN}$、ALE、$\overline{EA}$)——$\overline{RD}$ 和 $\overline{WR}$ 为片外数据存储器及外部 I/O 端口读写信号,$\overline{PSEN}$ 为外部程序存储器读信号。

外部程序存储器访问操作时序见图 2-1。

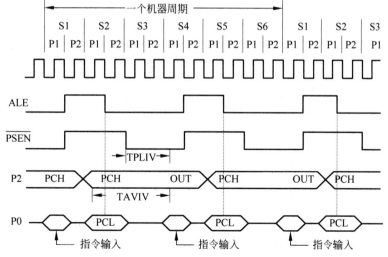

图 2-1 外部程序存储器访问操作时序

PCH 和 PCL 分别为程序计数寄存器 PC 的高 8 位和低 8 位,即当前要访问的指令在程序存储器 ROM 中的存放地址。

访问外部程序存储器的指令周期由 6 个时钟周期 S1、S2、S3、S4、S5、S6 组成,见图 2-1。

在 S2P1 时,P2 口输出程序计数器 PC 寄存器中的高 8 位 PCH(地址线 A15~A8),并在整个读指令过程保持有效,不需要进行锁存。P0 口输出 PC 寄存器低 8 位 PCL(地址线 A7~A0)。在 P0 口送出 PCL 的同时,ALE 有效,将 P0 口输出的低 8 位地址 PCL 锁存至地址锁存器。S2P2 时,ALE 无效。

在 S3P1 时,读信号 $\overline{\text{PSEN}}$ 有效,允许程序存储器输出。

在 S4P1 时,读出的指令出现在 P0 端口。

2. 总线扩展电路

外部地址总线 16 位地址线 A15~A0 由 P2 口和 P0 口提供,P0 口兼作 8 位数据总线 D7~D0 使用,外部总线扩展原理见图 2-2。

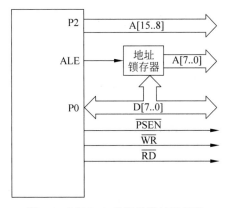

图 2-2　MCS-51 外部总线扩展原理

外部数据存储读写时序与 I/O 端口读写时序相同,区别仅在于程序存储器用 $\overline{\text{PSEN}}$ 作为读信号,而数据存储器用 $\overline{\text{RD}}$ 和 $\overline{\text{WR}}$ 作为读写信号。

输出控制线($\overline{\text{RD}}$,$\overline{\text{WR}}$,PSEN,ALE)及输入控制线(INT0,INT1,EA)构成了外部控制总线,D[7..0]构成了外部数据总线,A[15..0]构成了外部地址总线,可访问 64KB 程序存储器和 64KB 数据存储器(包含外部端口)。

2.2　总线扩展器件

常用地址/数据锁存器芯片及连接见图 2-3。

1. 74LS373

74LS373 为三态输出 8D 锁存器,引脚及连接见图 2-3。当 ALE(G)由高变低时,输入引脚 P0[7..0]数据锁存,引脚 $\overline{\text{OE}}$ 接地,允许输出。

2. 8282

8282 为三态输出 8D 锁存器,引脚及连接见图 2-3。当 ALE(STB)由高变低时,输入引脚 P0[7..0]数据锁存,引脚 $\overline{\text{OE}}$ 接地,始终允许输出,输入引脚 D[7..0]的数据在锁存的同时会出现在输出引脚 Q[7..0]。

3. 74LS273

74LS373 为带清零功能的 8D 锁存器,引脚及连接见图 2-3。当 ALE(CLK)由高变低时,则输入引脚 D[7..0]的数据在锁存的同时会出现在输出引脚 Q[7..0]。

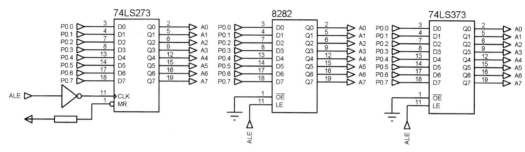

图 2-3　常用地址锁存器芯片 *

2.3　总线扩展电路

1. 总线扩展电路 A

用 1 片 74LS273 作为地址锁存器的扩展总线电路见图 2-4。74LS273 锁存来自 P0 口的低 8 位地址,与 P2 口高 8 位地址一起形成独立的外部地址总线 AB[15..0],与 P0 口输出数据线 D[7..0]、输出控制线（$\overline{\text{RD}}$、$\overline{\text{WR}}$、$\overline{\text{PSEN}}$、ALE）及输入控制线（$\overline{\text{INT0}}$、$\overline{\text{INT1}}$、$\overline{\text{EA}}$）构成了系统外部三总线 AB、DB 和 CB。

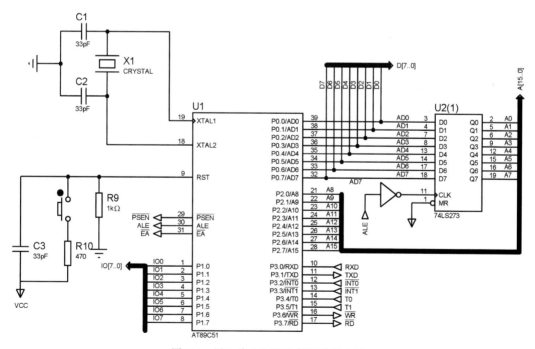

图 2-4　用 1 片 74LS273 扩展总线电路

---

* 本书涉及大量由软件 Proteus 生成的电路图,为保持一致性,对于不符合国际标准的电气图形符号未做修改。

2. 总线扩展电路 B

使用 2 片 74LS273 的扩展总线电路见图 2-5。2 片 74LS273 锁存 16 条地址线,形成带锁存的外部地址总线 AB[15..0],与 P0 口输出数据线 D[7..0]、输出控制线($\overline{RD}$、$\overline{WR}$、$\overline{PSEN}$、ALE)及输入控制线($\overline{INT0}$、$\overline{INT1}$、$\overline{EA}$)构成了系统的外部三总线 AB、DB 和 CB。

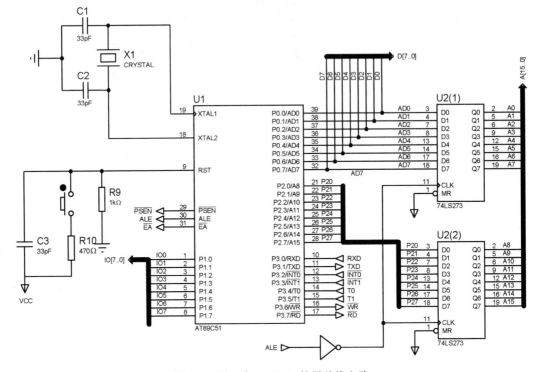

图 2-5　用 2 片 74LS273 扩展总线电路

2.4　Proteus 仿真

1. 仿真原理图

系统三总线扩展仿真电路见图 2-6。系统访问外部程序存储器、外部数据存储器和片外 I/O 端口时,可从 16 位 LED 指示灯读出当前的 16 位地址值,从 8 位 LED 指示灯读出当前数据总线上的 8 位数据值。

2. 参考程序

```c
# include "reg51. h"
# include < absacc. h>
# define P3BUS01 XBYTE[0x5555]
# define P3BUS02 XBYTE[0xAAAA]
void main()
{
  unsigned char i;
  while(1)
  {
    P3BUS01 = 0x55;vDelay(0x1000);          //地址线 - 数据线测试
    P3BUS02 = 0xAA;vDelay(0x1000);          //地址线 - 数据线测试
  }
}
```

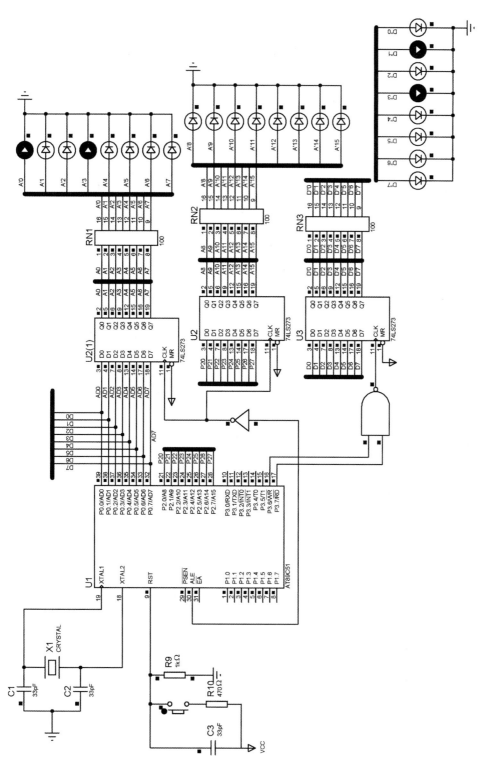

图 2-6 系统三总线扩展仿真电路图

## 第 3 章

主控单元及地址译码电路

本章设计一个具有较完备功能的主控单元,可满足中等规模以上系统的开发需要。本主控单元将作为后续各章节的主控单元,存储器及各 I/O 接口设计和地址分配在本主控单元地址译码电路基础上进行。

3.1 主控单元

1. 原理图

主控单元包括时钟电路、复位电路、外部三总线扩展电路和系统片选地址译码电路,电路原理见图 3-1。设置锁存器 U3,便于在程序设计与调试过程中观察数据总线上数据的变化,了解程序运行状况。

2. 时钟电路

时钟是时序的基础,由片内高增益反相放大器和外部晶振构成振荡器,产生时钟脉冲。

在 XTAL1 和 XTAL2 引脚外接晶振,内部反向放大器自激振荡,产生振荡脉冲,见图 3-2。时钟发生器对振荡脉冲二分频,产生双相脉冲信号(P1 相＋P2 相),构成时钟脉冲信号。f_{osc} 为 1.2～12MHz,电容 C1、C2 取 30pF。

3. 复位电路

系统定义复位引脚 RST 持续 24 个振荡周期的高电平为系统复位信号,复位完成后使 RST 保持低电平。如图 3-3 所示为上电复位与按键复位电路。

电源 VCC、电阻 R7 与按键构成按键复位电路。电容 C3、电阻 R5 构成上电复位电路。完成复位后,通过电阻 R5 接地,RST 保持低电平,使系统进入正常的程序运行状态。

4. 后备电源

后备电源电路见图 3-4。利用 D1 和 D2 实现常规电源和后备电源切换。主电源正常工作时,D1 将后备电源 B1 隔离。当主电源低电压或故障时,B1 通过 D1 对系统供电。大容量电容 C4 具有储能作用。

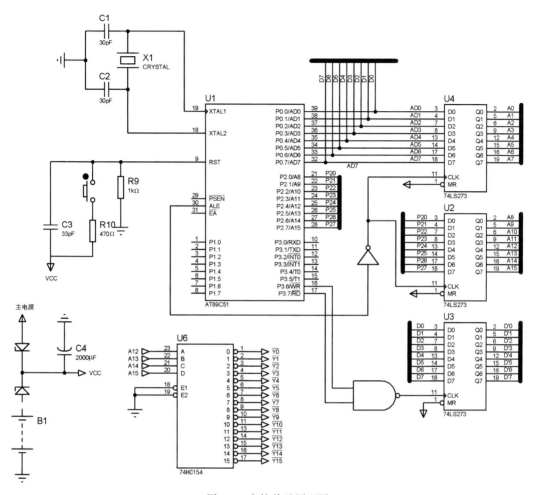

图 3-1　主控单元原理图

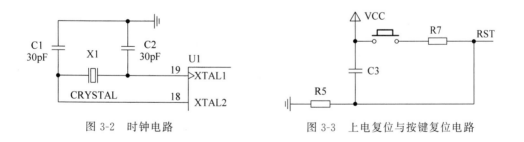

图 3-2　时钟电路　　　　　　　　图 3-3　上电复位与按键复位电路

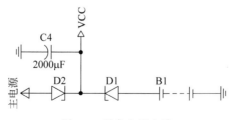

图 3-4　后备电源电路

3.2 地址译码

地址译码模块是系统设计的重要环节，需要对应用系统数据存储器的地址空间和 I/O 接口地址空间进行总体规划和分配，以便于存储器模块和 I/O 接口模块的设计与扩展。

常用地址译码器包括 74HC139、74HC138 和 74HC154。

3.2.1 74HC139

1. 74HC139 译码器

74HC139 为 2-4 译码器，引脚见图 3-5。

引脚说明：

- $\overline{E}$——使能端，低有效。
- B、A——2 位二进制码输入端。
- $\overline{Y0}$～$\overline{Y3}$——编码信号输出端，低有效。

图 3-5 74HC139 引脚

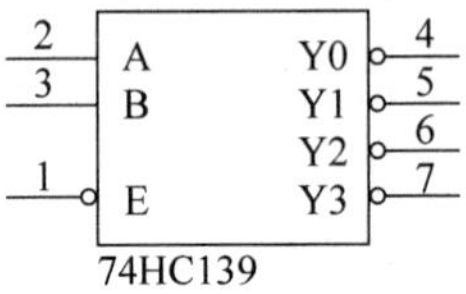

当使能端有效时，对 2 位二进制输入码 B、A 进行译码，相应译码器输出信号 $\overline{Yi}$ 有效(=0)，其他 $\overline{Yi}$ 无效(=1)。

2. 地址译码电路

采用 1 片 74HC139 地址译码器，两位二进制代码输入连接系统地址线 A15 和 A14，提供 4 路片选信号 $\overline{Y0}$～$\overline{Y3}$，将 64KB 地址空间划分为 4 个 16KB 区域，满足小规模系统设计需要，连接电路见图 3-6。

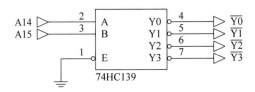

图 3-6 地址译码电路(74HC139)

$\overline{E}$=0，芯片常态使能，系统地址总线 A15、A14 连接译码器的 B、A 输入端，为系统提供片选信号，地址分配见表 3-1。

表 3-1 地址分配表

A15	A14	A13..A0	有效片选$\overline{Yi}$	端口地址范围
0	0	00..00	$\overline{Y0}$	0000H
0	0	11..11	$\overline{Y0}$	3FFFH
0	1	00..00	$\overline{Y1}$	4000H
0	1	11..11	$\overline{Y1}$	7FFFH
1	0	00..00	$\overline{Y2}$	8000H
1	0	11..11	$\overline{Y2}$	BFFFH
1	1	00..00	$\overline{Y3}$	C000H
1	1	11..11	$\overline{Y3}$	FFFFH

3.2.2　74HC138

1. 74HC138 译码器

74HC138 为 3-8 译码器,引脚见图 3-7。

引脚说明:

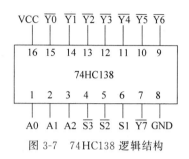

图 3-7　74HC138 逻辑结构

- $S1$、$\overline{S2}$、$\overline{S3}$——使能端,$S1$ 高有效,$\overline{S2}$、$\overline{S3}$ 低有效。
- $A2$、$A1$、$A0$——3 位二进制码输入端。
- $\overline{Y0}\sim\overline{Y7}$——编码信号输出端,低有效。

当使能端有效时,对 3 位二进制输入码 $A2$、$A1$、$A0$ 进行译码,相应译码信号 $\overline{Yi}$ 有效($=0$),其他 $\overline{Yi}$ 无效($=1$)。

2. 地址译码电路

采用 1 片 74HC138 地址译码器,3 位二进制代码输入连接系统地址线 $A15$、$A14$ 和 $A13$,提供 8 路片选信号 $\overline{Y0}\sim\overline{Y7}$,将 64KB 地址空间划分为 8 个 8KB 地址空间,满足中规模系统设计需要,连接电路见图 3-8。

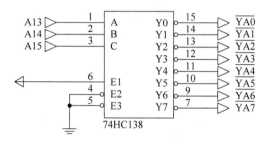

图 3-8　地址译码电路(74HC138)

$E1/E2/E3=100$,芯片常态使能,系统地址总线 $A15$、$A14$、$A13$ 连接译码器的 C、B、A 输入端,为系统提供片选信号,地址分配见表 3-2。

表 3-2　地址分配表

A15	A14	A13	A12..A0	有效片选 $\overline{Yi}$	端口地址范围
0	0	0	00..00	$\overline{Y0}$	0000H
			11..11		1FFFH
0	0	1	00..00	$\overline{Y1}$	2000H
			11..11		3FFFH
0	1	0	00..00	$\overline{Y2}$	4000H
			11..11		5FFFH
0	1	1	00..00	$\overline{Y3}$	6000H
			11..11		7FFFH
1	0	0	00..00	$\overline{Y4}$	8000H
			11..11		9FFFH
1	0	1	00..00	$\overline{Y5}$	A000H
			11..11		BFFFH

续表

A15	A14	A13	A12..A0	有效片选$\overline{Yi}$	端口地址范围
1	1	0	00..00	$\overline{Y6}$	C000H
			11..11		DFFFH
1	1	1	00..00	$\overline{Y7}$	E000H
			11..11		FFFFH

3.2.3　74HC154

1. 74HC154

74HC154 为 4-16 译码器,引脚见图 3-9。

引脚说明:

- $\overline{G1}/\overline{G2}$——使能端,低有效。
- DCBA——4 位二进制码输入。
- $\overline{Y0}\sim\overline{Y15}$——译码信号输出。

2. 地址译码电路

地址译码电路(见图 3-10)采用 1 片 74HC154,系统地址总线 A15、A14、A13、A12 连接译码器的 D、C、B、A 输入端,产生 16 路片选信号 $\overline{Y0}\sim\overline{Y15}$,将 64KB 地址空间划分为 16 个 4KB 地址空间,为系统提供片选信号,地址分配如表 3-3。

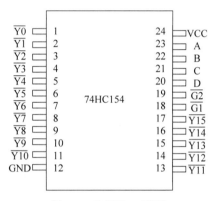

图 3-9　74HC154 引脚

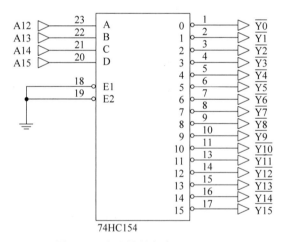

图 3-10　地址译码电路(74HC154)

本书后续章节选择该地址译码方案,将 RAM 地址和后续各章所设计的 I/O 接口地址统一安排,见表 3-3。

表 3-3　地址分配表

A15	A14	A13	A12	A11..A0	片选$\overline{Yi}$	端口地址范围	备　　注
0	0	0	0	00..00	$\overline{Y0}$	0000H	4.2 节:
				11..11		0FFFH	RAM,2KB

续表

A15	A14	A13	A12	A11..A0	片选$\overline{Yi}$	端口地址范围	备　注
0	0	0	1	00..00	$\overline{Y1}$	1000H	5.1.2节:
				11..11		1FFFH	8255A 扩展 I/O
0	0	1	0	00..00	$\overline{Y2}$	2000H	6.2节:
				11..11		2FFFH	74HC244 中断扩展
0	0	1	1	00..00	$\overline{Y3}$	3000H	14.1节: LCD1602
				11..11		3FFFH	
0	1	0	0	00..00	$\overline{Y4}$	4000H	
				11..11		4FFFH	
0	1	0	1	00..00	$\overline{Y5}$	5000H	
				11..11		5FFFH	
0	1	1	0	00..00	$\overline{Y6}$	6000H	
				11..11		6FFFH	
0	1	1	1	00..00	$\overline{Y7}$	7000H	7.2.2节:
				11..11		7FFFH	CD4052 通信端口
1	0	0	0	00..00	$\overline{Y8}$	8000H	7.2.3节:
				11..11		8FFFH	CD4051 通信端口
1	0	0	1	00..00	$\overline{Y9}$	9000H	10.3节:
				11..11		9FFFH	8253 看门狗
1	0	1	0	00..00	$\overline{Y10}$	A000H	11.2节:
				11..11		AFFFH	ADC0809
1	0	1	1	00..00	$\overline{Y11}$	B000H	
				11..11		BFFFH	
1	1	0	0	00..00	$\overline{Y12}$	C000H	
				11..11		CFFFH	
1	1	0	1	00..00	$\overline{Y13}$	D000H	
				11..11		DFFFH	
1	1	1	0	00..00	$\overline{Y14}$	E000H	
				11..11		EFFFH	
1	1	1	1	00..00	$\overline{Y15}$	F000H	
				11..11		FFFFH	

3.3　Proteus 仿真

1. 仿真原理图

主控单元仿真连接如图 3-11 所示。

系统对外部程序存储器、外部数据存储器和片外 I/O 接口访问时,选择不同的地址范围,可从连接在译码器输出端的 LED 指示灯读出当前有效 $\overline{Yi}$,从连接在数据总线上的 LED 指示,读出当前数据总线上 8 位数据值,便于系统调试。

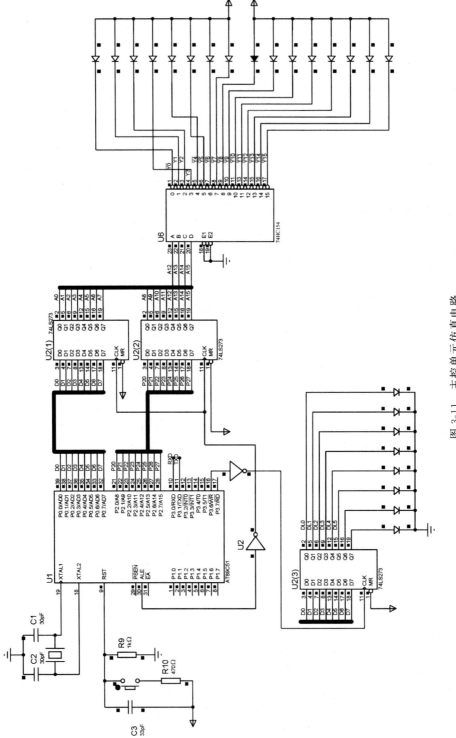

图 3-11　主控单元仿真电路

2. 参考程序

```c
# include "reg51. h"
# include < absacc. h >
# define DE154Y0 XBYTE[ 0x0000 ]

void vDelay(unsigned int uiT )
{
  while(uiT -- ) ;
}

void main( )
{
  unsigned char i;
  unsigned char * ucAdd;
  ucAdd = &DE154Y0;
  while(1)
{
    for( i = 0; i < 16; i++)
    {
        * ucAdd = 0x55; vDelay(10000);
        * ucAdd = 0xaa; vDelay(10000);
          ucAdd = ucAdd + 0x1000;
    }
  }
}
```

第二部分 接口扩展

单片机应用系统设计的技术核心是接口设计。MCS-51作为8位中等资源配置的单片机，片内资源有限，但提供了64KB外部程序存储器和64KB数据存储器与外部I/O端口地址扩展空间。

本部分在第一部分已完成外部三总线扩展的基础上，实现单片机常用I/O接口扩展，内容覆盖单片机系统设计的各方面。包括：

第4章 存储器

实现32KB程序存储器＋2KB数据存储器扩展，满足常规MCS-51单片机系统设计需要。

第5章 I/O端口扩展

利用8255A、移位寄存器CD4014/74HC165/74HC164/74HC595实现I/O端口扩展，介绍键盘解码芯片74C922接口及程序设计。

第6章 中断扩展

利用优先权编码器74HC148、缓冲器74HC244和8255A扩展外部中断。

第7章 串行通信端口扩展

利用多路切换开关CD4051/CD4052实现单片机串行端口扩展。

第8章 USB接口扩展

采用CH340接口芯片，实现MCS-51单片机USB接口扩展，使其具有连接USB设备的能力。

第9章 IIC总线扩展

介绍IIC总线规约和基本操作信号，实现IIC总线存储器、时钟、ADC、数字电位器和传感器接口扩展。

第10章 看门狗接口

介绍看门狗工作原理，实现用定时计数器8253和片内定时计数器软件看门狗接口和程序设计。

第11章 模拟量输入接口

介绍ADC接口设计关键问题，用ADC0809、AD574和串行ADCLTC1864实现模拟量输入接口及程序设计。

第 12 章　多路模拟量同步输出接口

介绍 DAC 连接特性,实现 DAC0832 多路模拟量同步输出接口设计,实现 DAC0808PWM 调压设计。

第 13 章　定时计数器

利用定时计数器实现多路分频器、动态刷新与显示、周期采样与通信接口与程序设计。

第 14 章　显示

实现 LCD1602、点阵与多位 LED 显示、十四段与十六段 LED 显示接口与程序设计。

第 15 章　传感器接口

实现温度传感器、压力传感器和距离传感器接口与程序设计,介绍常用各类传感器芯片。

第 16 章　功率输出接口

功率输出接口是单片机系统设计的重要内容。本章介绍光耦合器驱动接口技术,实现功率晶体管、晶闸管和继电器接口及程序设计。

## 第 4 章

存 储 器

本章采用 EPROM27C256 和 SRAM6116,构成 32KB 程序存储器和 2KB 数据存储器,可满足一般系统开发需要。

4.1 程序存储器和数据存储器

4.1.1 SRAM6116

常用的数据存储器包括静态存储器 SRAM6116、6264、62256 等,具有相同的数据线引脚和控制信号引脚,具有相同的读写时序和连接电路,地址线因容量不同而不同。

SRAM6116 为 2KB 静态数据存储器,引脚定义见图 4-1。

引脚说明:

- A[10..0]——11 条地址线,输入,寻址 SRAM6116 内部的 2KB 单元。

- I/O[7..0]——8 条数据线,输入/输出,连接系统数据总线。

- $\overline{CE}$——片选信号,输入,低电平有效。

- $\overline{OE}$——输出使能,输入,低电平有效。

- $\overline{WE}$——写信号,输入,低电平有效。

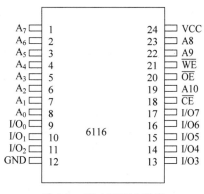

图 4-1 SRAM6116 引脚

4.1.2 EPROM27C256

常用程序存储器包括 EPROM2716、2732、2764、27128、27512 和 FLASH MEMORY AT29C256 等,具有相同的数据线引脚和控制信号引脚,具有相类似的读写时序和连接电路,地址线因容量不同而不同。

27C256 为 CMOS 型 EPROM 存储器,容量为 32KB,引脚见图 4-2。

引脚说明:

- A[14..0]——15 条地址线,输入,寻址内部的 32KB 存储单元。

- D[7..0]——8 条数据线,输入/输出,连接系统数据总线。

- $\overline{CE}$——片选信号,输入,低电平有效。

- $\overline{OE}$——输出使能,输入,低电平有效。

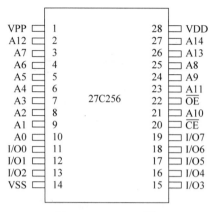

图 4-2　27C256 引脚

4.2　存储器单元电路

1. 原理图

利用 27C256 和 SRAM6116,构成 32KB 程序存储器和 2KB 数据存储器,扩展电路图见图 4-3。

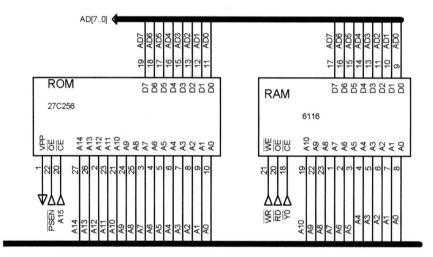

图 4-3　EPROM27C256(32KB)+SRAM6116(2KB)电路图

2. 程序存储器信号连接

- $\overline{\text{PSEN}}$:程序存储器读信号,连接输出使能端 $\overline{\text{OE}}$,低电平有效。
- A15:片选信号,连接芯片 27C256 片选信号 $\overline{\text{CE}}$,低电平有效。
- A[14..0]:片内存储单元地址选择地址线,连接同名地址线 A[14..0],寻址 32KB 单元。

3. 数据存储器信号连接

- $\overline{\text{OE}}$ 和 $\overline{\text{WE}}$:数据存储器读写信号,连接系统读写信号 $\overline{\text{RD}}$ 和 $\overline{\text{WR}}$,低电平有效。
- $\overline{\text{CE}}$:数据存储器片选信号,连接系统片选地址译码信号 $\overline{\text{Y0}}$,低电平有效,见表 3-3。

- I/O[7..0]：数据存储器数据线，连接系统数据总线 P0[7..0]。
- A[10..0]：片内存储单元地址选择线，连接系统地址线 A[10..0]，寻址 2KB 存储单元。

4. 程序存储器地址分配

根据电路图 4-3，程序存储器地址范围见表 4-1。

表 4-1　程序存储器地址范围

$\overline{PSEN}$	A15	A14～A0	端口地址范围
$\overline{OE}$	$\overline{CE}$	片内存储单元选择地址线	
0	0	00..00	0000H
0	0	11..11	7FFFH

程序存储器地址范围为 0000H～7FFFH，$\overline{PSEN}$ 为读程序存储器信号。

5. 数据存储器地址分配

根据图 4-3，选用系统片选地址译码信号 $\overline{Y0}$ 作为数据存储器 27C256 片选信号，见表 3-3。数据存储器 27C256 地址范围见表 4-2。

表 4-2　数据存储器地址范围

A15～A12	A10～A0	端口地址范围
0000	片内存储单元选择地址线	
$\overline{Y0}=0$	00..00	0000H
	11..11	07FFH

A11 未用，作 0 处理（未用地址线作 0 处理）。

数据存储器单元地址范围为 0000H～07FFH，$\overline{RD}$ 和 $\overline{WR}$ 作为读写控制信号。

4.3　Proteus 仿真

存储单元包括 32KB 程序存储器和 2KB 数据 RAM，仿真电路见图 4-4。程序存储器单独编址，地址范围见表 4-1。数据存储器与外设端口接口统一编址，共用片外 64KB 地址，利用各 I/O 接口片选信号 $\overline{CS}$ 进行地址范围分配。图 4-4 中的数据存储器片选信号 $\overline{CS}$ 连接译码电路输出 $\overline{Y0}$，则数据存储器地址范围为 0000H～07FFH。

参考程序

```
# include "reg51.h"
# include < absacc.h >
/////////内存单元地址定义/////////
# define RAM01 XBYTE[0x0000]          //数据存储器地址范围为 0000H～07FFH
unsigned char xdata * RAM_adr;
///////////延时
void vDelay(unsigned int uiT)
{
```

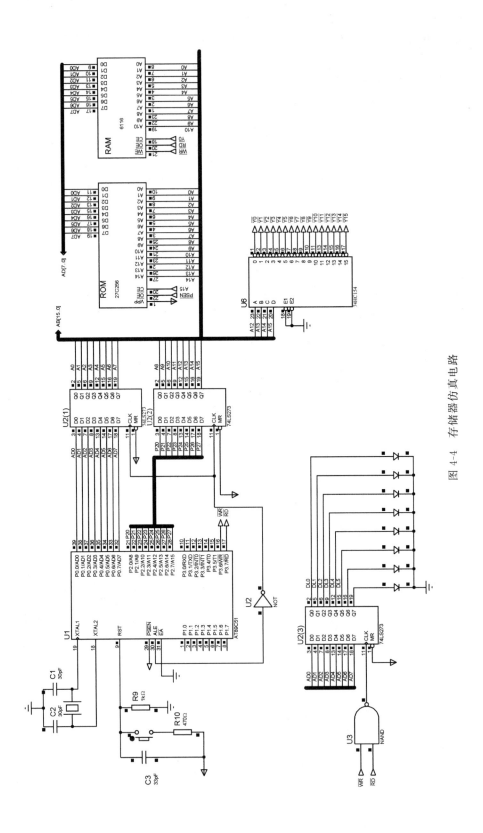

图 4-4 存储器仿真电路

```
        while(uiT -- ) ;
}
/////////////////////////数据存储器存储单元测试//////////////////
void vRAMTest( )
{
        unsigned int i;
        unsigned char ucData;
        RAM_adr = &RAM01;
        For( i = 0 ; i < 0x07ff ; i++ )
        {
            *  RAM_adr = 0x55 ; vDelay(0x9000) ;            //写内存单元测试
               ucData = * RAM_adr ; vDelay(0x9000) ;        //读内存单元测试
            *  RAM_adr = 0xaa ; vDelay(0x9000) ;            //写内存单元测试
               ucData = * RAM_adr ; vDelay(0x9000) ;        //读内存单元测试
               RAM_adr++ ;
        }
}
void main( )
{
 while(1)
 {
     vRAMTest( );
 }
}
```

## 第 5 章

I/O 端口扩展

没有足够的 I/O 引脚是单片机系统设计的瓶颈,本章利用 8255A 与移位寄存器实现 I/O 端口扩展。

5.1 可编程并行接口 8255A

5.1.1 基本特性

8255A 为可编程并行 I/O 接口芯片,具有 3 个 8 位并行 I/O 端口(A 口、B 口、C 口),其中 C 口可分为 2 个 4 位并行 I/O 口使用,并具有按位复位/置位功能,兼容 TTL/CMOS 电平。

8255A 地址线 A1 和 A0 与系统地址线 A1A0 连接,实现对 8255A 内部 PA、PB、PC 和控制端口的寻址,端口编址见表 5-1。

表 5-1   8255A 端口编址

$\overline{CS}$	$\overline{RD}$	$\overline{WR}$	A1	A0	选择端口	传送方向
0	0	1	0	0	读 A 端口	PA→数据总线
0	0	1	0	1	读 B 端口	PB→数据总线
0	0	1	1	0	读 C 端口	PC→数据总线
0	1	0	0	0	写 A 端口	PA←数据总线
0	1	0	0	1	写 B 端口	PB←数据总线
0	1	0	1	0	写 C 端口	PC←数据总线
0	1	0	1	1	写控制端口	控制端口←数据总线

8255A 具有 3 种工作方式。

方式 0:基本 I/O 方式,适用于端口 A、端口 B 和端口 C。

方式 1:选通 I/O 方式,适用于端口 A 和端口 B。

方式 2:双向 I/O 方式,适用于端口 A。

8255A 定义工作方式控制字以设定 8255A 工作方式,定义见图 5-1。

8255A 定义端口 C 置位/复位控制字,对 C 口中的任意一位进行置位或者复位操作,定义见图 5-2。

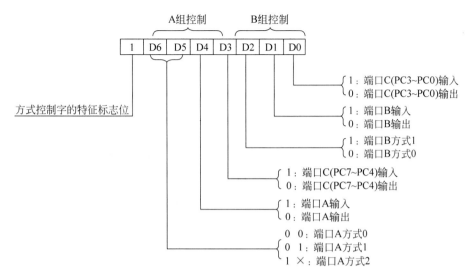

图 5-1　8255A 工作方式控制字定义

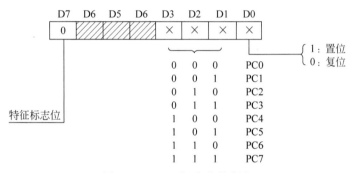

图 5-2　C 口置位/复位控制字

5.1.2　拨码开关与显示接口

1. 原理图

利用 8255 扩展 8 位输入和 2 个 8 位输出接口(见图 5-3),定义 PA 口和 PC 口为工作方式 0 输出,定义 PB 口为工作方式 0 输入。拨码开关连接 8255A 的 PB 端口,8 个 LED 指示条连接 PA 端口,指示拨码开关状态。2 位 7 段 LED 显示器(BCD 码输入)连接 PC 端口,以十六进制形式显示当前拨码值。

以 3.1 节的设计模块为主控单元,8255A 片选信号连接系统地址译码信号 $\overline{Y1}$,8255A 的 PA 口、PB 口、PC 口以及控制口地址见表 5-2。

表 5-2　8255A 内部端口编址

$\overline{CS(\overline{Y1})}$	A15～A12	A11～A2	A1	A0	端口地址
0	0001	未用	0	0	PA 口:1000H
			0	1	PB 口:1001H
			1	0	PC 口:1002H
			1	1	控制口:1003H

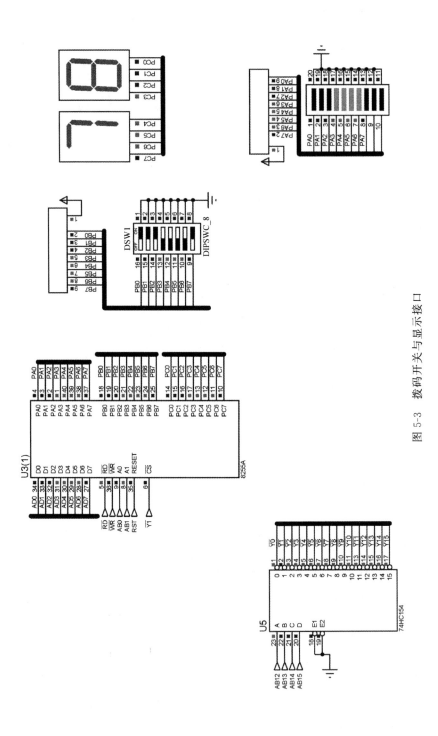

图 5-3 拨码开关与显示接口

2. 参考程序

```
# include "reg51. h"
# include < absacc. h >
# define P1A8255 XBYTE[ 0x1000 ]          //PA 地址定义
# define P1B8255 XBYTE[ 0x1001 ]          //PB 地址定义
# define P1C8255 XBYTE[ 0x1002 ]          //PC 地址定义
# define P1COM8255 XBYTE[ 0x1003 ]        //控制口地址定义

void vDelay(unsigned int uiT )
{
  while(uiT -- ) ;
}

void main( )
{
  unsigned char ucD;
  P1COM8255 = 0x82;                        //定义 PA、PC 工作方式 0 输出,PB 工作方式 0 输入
  while(1)
  {
      ucD = P1B8255;                       //读拨码开关
      P1A8255 = ucD;                       //LED 条显示
      P1C8255 = ucD;                       //数码显示
  }
}
```

5.1.3 打印机接口

并行打印机接口标准 Centronics 规定了打印机接口的信号定义和数据传输时序。

1. 接口标准

完整的 Centronics 标准定义了 36 芯打印机接口,信号线定义见表 5-3。

表 5-3 Centronics 并行打印机接口标准

引脚号	信号	I/O	功能	引脚号	信号	I/O	功能
1	$\overline{STB}$	输入	数据选通	13	SLCT	输出	正常工作
2	D1	输入	数据线	14	$\overline{AUTO}$	输入	自动走纸
3	D2	输入	数据线	16	逻辑地		
4	D3	输入	数据线	17	机架地		
5	D4	输入	数据线	19~30	地		
6	D5	输入	数据线	31	$\overline{INT}$	输入	复位
7	D6	输入	数据线	32	$\overline{ERROR}$	输出	脱机出错
8	D7	输入	数据线	33	地		
9	D8	输入	数据线	35	+5V		电源
10	$\overline{ACK}$	输出	准备就绪	36	$\overline{SLCTIN}$	出	工作允许
11	BUSY	输出	打印机忙	15/18/34	NC		未用
12	PE	输出	缺纸				

表 5-3 中的输入和输出是相对打印机而言的,输入为控制信号线,输出为打印机状态线。Centronics 标准打印机接口数据传输时序见图 5-4。

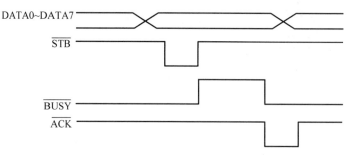

图 5-4 Centronics 标准打印机接口数据传输时序

当 CPU 打印数据时,首先查询信号 BUSY,当 BUSY＝0 时,表明打印机处于不忙状态,将数据通过数据总线输出给接口,然后输出数据选通脉冲信号 $\overline{STB}$,将数据送入打印机内部数据锁存器。打印机在 $\overline{STB}$ 信号的上升沿将 BUSY 置 1,表明打印机正在处理数据,不能接收新的数据。待输入数据处理完成,打印机输出 $\overline{ACK}$ 信号,表明打印机可以接收下一个数据。同时,在 $\overline{ACK}$ 下降沿,使 BUSY 复位,撤销忙状态标志,一个数据传输过程结束。

2. 接口电路

以 3.1 节的设计模块为主控单元,用 1 片 8255A 设计查询方式打印机接口电路见图 5-5,8255A 片选信号 $\overline{CS}$ 连接地址译码器输出信号 $\overline{Y1}$,8255A 端口编址见表 5-4。

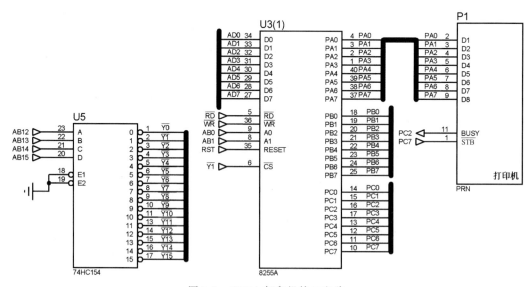

图 5-5 8255A 打印机接口电路

端口 A 设置为方式 0 输出,输出打印数据,端口 C 高 4 位设置为输出方式,由 PC7 提供选通信号 $\overline{STB}$,端口 C 低 4 位设置为输入方式,由 PC2 接收打印机状态信号 BUSY。

表 5-4　8255A 内部端口编址

$\overline{CS}(\overline{Y1})$	A15～A12	A11～A2	A1	A0	端　口　地　址
0	0001	未用	0	0	PA 口：1000H
			0	1	PB 口：1001H
			1	0	PC 口：1002H
			1	1	控制口：1003H

3. 参考程序

```
# include < reg51.h >
# define COM8255 XBYTE[0x1003]
# define PA8255 XBYTE[0x1000]
# define PB8255 XBYTE[0x1001]
# define PC8255 XBYTE[0x1002]
void vPrinter(unsigned char * ucD)
{
  while( * ucD!= '\0')
    {
        while(0x04 & PC8255);          //查询 BUSY 标志,等待打印机空闲状态 PC2
        PA8255 = * ucD;                //输出字符
        COM8255 = 0X0E;COM8255 = 0X0E; //产生 STB 脉冲信号
        COM8255 = 0X0F;COM8255 = 0X0F;
        ucD++;
        }
    }
void main()
{
  unsigned char Data[8] = "WELCOME!";
  COM8255 = 0x81;                      //设置 A 口方式 0,输出;C 口高 4 位输出,低 4 位输入
  vPrinter(Data);                      //打印字符串
}
```

5.1.4　键盘编码芯片 74C922

1. 74C922

74C922 为 16 键解码芯片,封装与引脚见图 5-6。

74C922 内部振荡器完成 4×4 键盘矩阵扫描、消抖和编码,矩阵键盘的 4 行分别连接 74C922 的 Y1～Y4,4 列分别连接 X1～X4。有按键按下时,DA 引脚输出高电平,同时封锁其他按键,片内锁存器保持当前按键的 4 位编码。74C922 的键盘接口如图 5-7 所示。

2. 接口电路

键盘编码输出连接 8255A 的 PB 端口的 PB0～PB3, DA 连接 $\overline{INT0}$,在 $\overline{INT0}$ 中断处理程序中读按键编码,并在 8255A 的 PA 端口和 PC 端口显示。按键采用 Proteus 的 16 键小键盘,其原理见图 5-8。

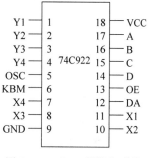

图 5-6　74C922 封装与引脚

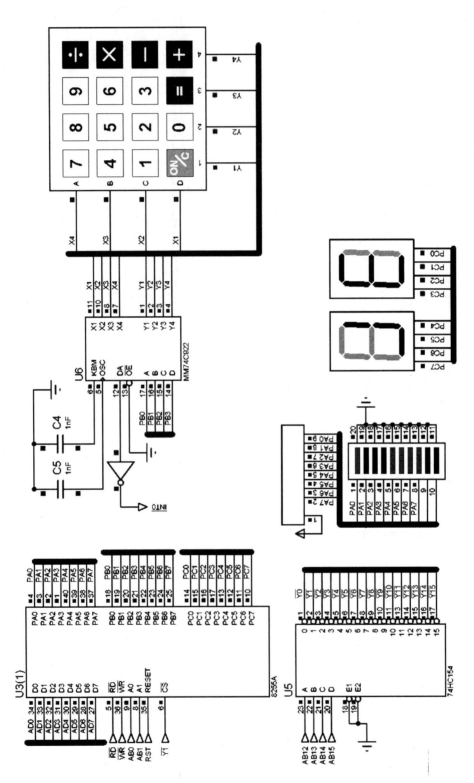

图 5-7 74C922 按键接口

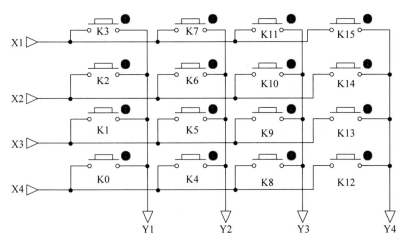

图 5-8 4×4 矩阵键盘原理图

3. 参考程序

```c
# include "reg51.h"
# include < absacc.h >
# define uchar unsigned char
# define uint unsigned int

# define P1A8255 XBYTE[0x1000]        //PA 地址定义
# define P1B8255 XBYTE[0x1001]        //PB 地址定义
# define P1C8255 XBYTE[0x1002]        //PC 地址定义
# define P1COM8255 XBYTE[0x1003]      //控制口地址定义

void vDelay(unsigned int uiT )
{
  while(uiT -- ) ;
 }

void EINT0() interrupt 0
{
    uchar ucD;
    ucD = P1B8255;                    //读 PB 口
    P1A8255 = ucD;                    //PA、PC 口输出
    P1C8255 = ucD;                    //
}
void delayms(uint j)
 {
     while (j -- );
 }

void main()
{
  unsigned  char ucD;
  IE = 0x81;                          //INT0 中断允许
  IT0 = 1;
```

```
P1COM8255 = 0x82;        //设定 PA、PC 为方式 0 输出,PB 方式 0 输入
while(1);
}
```

5.2 移位寄存器扩展并行输入接口

5.2.1 CD4014 扩展并行输入接口

1. CD4014

CD4014 为 8 位并入-串出移位寄存器,可编程实现并行 8 位二进制数的锁存和移位,可级联,引脚定义及功能见图 5-9。

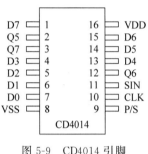

图 5-9 CD4014 引脚

引脚定义及功能:

• D[7..0]——8 位数据并行输入端。
• SIN——串行数据输入端,用于多片 CD4014 级联。
• CLK——时钟输入,用于串行移位和并行数据置位,上升沿有效。
• P/$\bar{\text{S}}$——并/串选择,P/$\bar{\text{S}}$=1,并行置位工作方式,在 CLK 上升沿,将并行数据置入锁存。P/$\bar{\text{S}}$=0,串行移位工作方式。
• Q7、Q6、Q5——移位寄存器高 3 位输出端。

2. 原理图

用 2 片 CD4014 级联,实现并行输入接口电路见图 5-10。

信号定义及功能:

• SCLK——串行移位/并行锁存时钟。
• P/$\bar{\text{S}}$——工作模式选择,P/$\bar{\text{S}}$=0,串行移位工作方式;P/$\bar{\text{S}}$=1,并行数据置入方式,在 CLK 上升沿将并行数据 D15~D0 置入。
• SERD——串行数据输出端。
• DI[15..0]——并行数据输入端。
• SIN——串行输入,CD4014 级联引脚。

3. 工作过程

串行端口设置为工作方式 0,即同步移位寄存器工作方式,TXD(P3.1)连接 SCLK,输出移位脉冲,RXD(P3.0)连接 SERD,接收来自 CD4014 的串行数据。

(1) P/$\bar{\text{S}}$=1,并行数据锁存。

(2) P/$\bar{\text{S}}$=0,移位模式,在 CLK 移位脉冲下,并行数据转化为串行数据从 SERD 输出。

4. 参考程序

```
# include < reg51.h >
# include < absacc.h >
sbit PL = P3^7;
sbit PCLK = P3^1;
void vDelay(unsigned int uiT)
{
```

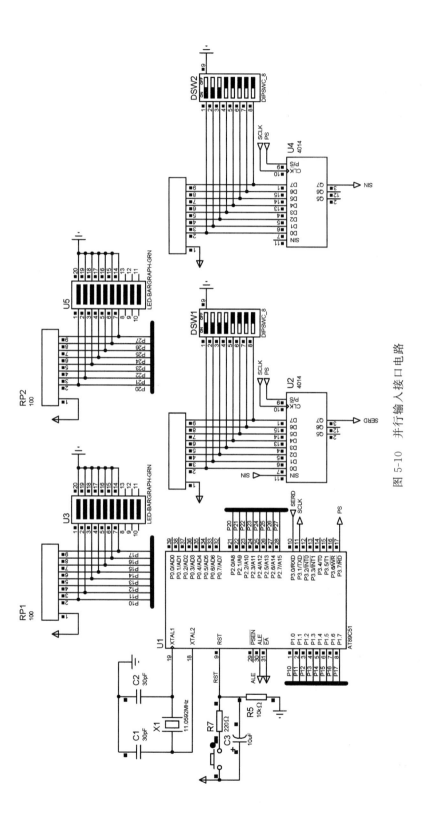

图 5-10 并行输入接口电路

```
        while(uiT -- );
    }
    void main()
    {
        unsigned char ucD = 0, i;
        while(1)
        {
            PL = 1;
            PCLK = 0; PCLK = 1;        //并行数据锁存
            PL = 0;                    //串行移位工作方式
            SCON = 0x00;
            REN = 1;
            while(!RI);
            ucD = SBUF;
            RI = 0;
            P1 = ~ucD;
            vDelay(1000);
            while(!RI);
            ucD = SBUF;
            RI = 0;
            P2 = ~ucD;
        }
    }
```

5.2.2　74HC165 扩展并行输入接口

1. 74HC165

74HC165 为 8 位并入-串出移位寄存器,可编程实现并行 8 位二进制数的锁存和移位,可级联,其引脚见图 5-11。

引脚定义及功能:

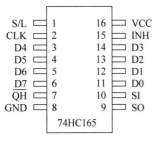

图 5-11　74HC165 引脚

- D[7..0]——8 位并行输入端。
- SI——串行数据输入端,用于多片级联。
- CLK——时钟脉冲输入,用于串行移位,上升沿有效。
- SH/$\overline{\text{LD}}$——移位/置数端,SH/$\overline{\text{LD}}$=1,移位工作方式,在 CLK 上升沿,串行移位;SH/$\overline{\text{LD}}$=0,将并行数据置入,并行数据置入与时钟无关。
- QH——串行数据输出。
- $\overline{\text{QH}}$——串行数据反相输出。
- INH——时钟禁止端。

2. 原理图

用 2 片 74HC165 级联,实现 16 位并行输入接口,原理电路见图 5-12。

信号定义及功能:

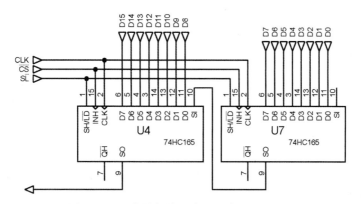

图 5-12　16 位并行输入接口电路(74HC165)

- $\overline{CS}$——接口模块片选信号,输入,低有效。
- CLK——串行移位/并行锁存时钟,输入。
- $\overline{SL}$——工作模式选择,$\overline{SL}=1$,串行移位工作方式;$\overline{SL}=0$,并行数据置入方式,在CLK 上升沿将并行数据置入。
- SO——串行数据输出端。
- DI[15..0]——16 位并行数据输入端。

3. 工作过程

在 $\overline{CS}$ 有效情况下,

$\overline{SL}=0$,2×8 位并行数据锁存。

$\overline{SL}=1$,移位模式,在 CLK 移位脉冲下,16 位并行数据转化为串行数据从 SO 输出。

4. Proteus 仿真

功能:用 74HC165 实现 16 位开关输入。

1) 同步移位寄存器工作方式

该模块可工作于 MCS-51 串口工作方式 0(同步移位寄存器工作方式),只需初始化串口为工作方式 0,即可按串口接收模式读取数据,程序设计简单,但占用系统串口,工作原理见图 5-13。

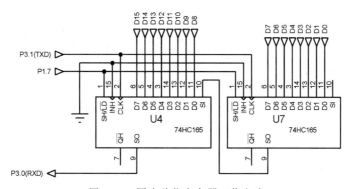

图 5-13　同步移位寄存器工作方式

(1) 信号定义。

- $\overline{CS}$：直接接地，即 INH=0，时钟允许。
- CLK：连接 TXD，方式 0 时，产生移位脉冲。
- SO：连接 RXD，同步方式接收串行数据。
- $S/\overline{L}$：连接 AT89C51 的 P1.7，作为工作方式控制引脚，$S/\overline{L}=0$，并行数据锁存，$S/\overline{L}=1$，串行移位发送。

(2) 参考程序。

```c
# include "reg51.h"
# include < absacc.h >
/////////控制位定义///////
sbit SL = P1^7;
sbit SLCLK = P3^1;              //TXD
void vDelay(unsigned int uiT )
{
 while(uiT -- ) ;
 }
/////////读16位按键状态///
void main()
{
  unsigned char ucData[2];       //存放按键状态
  SL = 1;
  SCON = 0x00;                   //初始化串口为工作方式0,即移位寄存器方式
  ucData[0] = SBUF;              //读低8位键值
  ucData[1] = SBUF;              //读高8位键值
}
```

2) 模拟同步移位寄存器工作方式

为节省串口资源，可采用模拟串行工作方式 0 的方式，即采用 3 个 I/O 引脚，连接见图 5-14。

引脚定义及功能：

P2.2——控制 74LS165 工作模式，P2.2=0，锁存模式，P2.2=1，移位寄存器模式。

P2.1——模拟产生移位脉冲信号。

P2.0——串行数据输入端。

$\overline{CS}$——直接接地，即 INH=0，时钟允许。

5. 参考程序

在程序中实现串-并转换，在 CPU 中得到 16 位并行数据，在 P1 和 P3 显示。

```c
# include < reg52.H >
# include < intrins.h >
# define NOP()  _nop_()
sbit   CLK   = P2^1;
sbit   IN_PL  = P2^2;
sbit   IN_Dat = P2^0;
unsigned char ReHC74165(void)
{
  unsigned char i,ucD;
  ucD = 0;
```

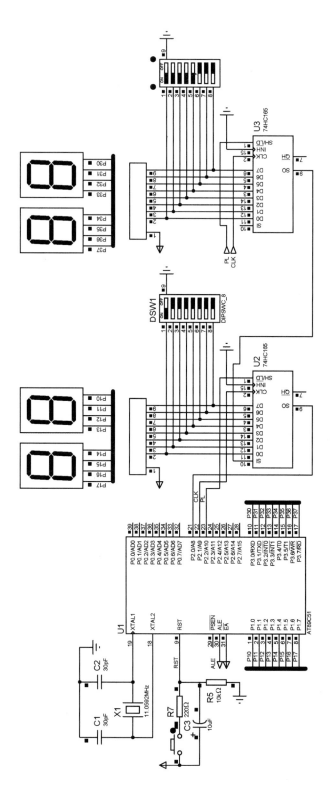

图 5-14 模拟同步移位寄存器工作方式

```
    for(i = 0; i < 8; i++)
      {
        ucD = ucD << 1;
        if(IN_Dat == 1)ucD = ucD + 1;
        CLK = 0;
        NOP();
        CLK = 1;
      }
  return ucD;
}
void main()
{
  while(1)
  {
    IN_PL = 0; NOP(); IN_PL = 1;NOP();
    P1 = ReHC74165();           //送两位七段 LED 显示器显示,BCD 码
    P3 = ReHC74165();           //送两位七段 LED 显示器显示,BCD 码
  }
  }
```

5.3 移位寄存器扩展并行输出接口

5.3.1 74HC164 扩展并行输出接口

1. 74HC164

74HC164 为串入-并出移位寄存器,可级联,其引脚见图 5-15。

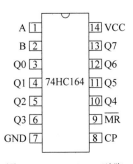

图 5-15 74HC164 引脚

引脚定义及功能:

- Q[7..0]——8 位并行输出。
- A、B——串行数据输入。
- $\overline{MR}$——数据清零。
- CP——移位时钟。

数据通过两个输入端(A 和 B)之一串行输入,任一端可用作高电平使能,控制另一端的输入。

2. 原理图

4 片 74HC164 扩展输出接口,原理图见图 5-16。

在图 5-16 中,信号定义如下:

- DAT:接收来自单片机串行数据。
- SCLK:移位时钟。

4 片 74HC164 通过 Q7 级联,输入引脚 A 与 B 并接,作为串行数据输入端。利用 P1.1 产生移位脉冲,串行数据从 P1.0 输出。

3. 参考程序

```
# include < reg51. h >
# include < absacc. h >
```

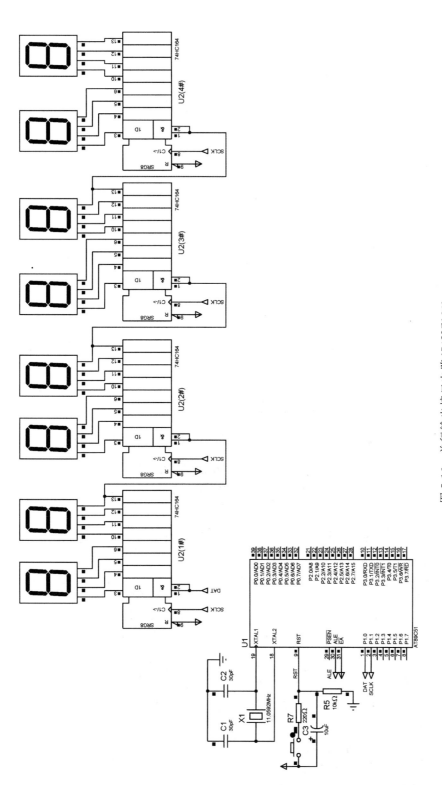

图 5-16 并行输出接口电路（74HC164）

```
sbit DAT = P1^0;
sbit CLK = P1^1;
void vDelay(unsigned int uiT)
{
  while(uiT -- );
}
void vSendByte(unsigned char ucD)
{
  unsigned char i;
  for(i = 0;i < 8;i++)
  {
    CLK = 0;DAT = ucD&0x01;CLK = 1;
    ucD = ucD >> 1;
  }
}
void main()
{
    unsigned char i;
    vSendByte(0x01);
    vSendByte(0x02);
    vSendByte(0x03);
    vSendByte(0x04);
    while(1);
}
```

5.3.2 74HC595 并行输出接口

1. 74HC595

1 位串入 8 位并出移位寄存器,可级联,其引脚见图 5-17。

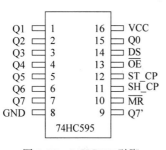

图 5-17 74HC595 引脚

引脚定义及功能:

- Q[7..0]——8 位并行输出。
- Q7'——级联输出。
- DS——串行数据输入。
- $\overline{MR}$——低电平时将 74LS595 数据清零。
- SH_CP——移位时钟,在上升沿将数据移位,下降沿寄存器数据保持。
- ST_CP——锁存时钟。
- $\overline{OE}$——输出使能。

2. 原理图

2 片 74HC595 扩展 16 位并行输出接口电路见图 5-18。

在图 5-18 中,

- $\overline{OE}$——输出使能信号,接地。
- $\overline{MR}$——复位端,接高电平。
- DS(U2)——单片机串行数据输入,接 P3.4。

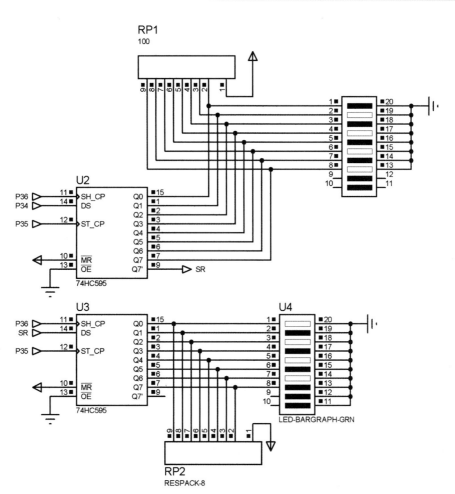

图 5-18 并行输出接口电路(74HC595)

- SH_CP——移位时钟,接 P3.6。
- ST_CP——锁存时钟,接 P3.5。
- Q0~Q7——并行输出。
- SR——74HC595 级联。

3. 参考程序

```
# include < reg51.h >
# include < intrins.h >
sbit SRCLK = P3^6;
sbit RCLK = P3^5;
sbit SER = P3^4;
void Hc595SendByte(unsigned char dat);
void Delay(unsigned int ) ;
void main()
{
    Hc595SendByte(0x55);
    Hc595SendByte(0xaa);
    while(1);
```

```c
    }
void Hc595SendByte(unsigned char dat)
{
    unsigned char i;
    SRCLK = 1;
    RCLK = 1;
    for(i = 0;i < 8;i++)          //发送 8 位数
    {
        SER = dat >> 7;          //从最高位开始发送
        dat <<= 1;
        SRCLK = 0;               //发送时序
        _nop_();
        _nop_();
        SRCLK = 1;
    }
    RCLK = 0;   _nop_();_nop_();
    RCLK = 1;
}
void Delay(unsigned int uiT)
{
    while(uiT -- );
}
```

## 第 6 章

中 断 扩 展

中断是嵌入式系统设计的重要资源,有利于提高监测与控制系统的实时性。本章利用优先权编码器 74HC148、缓冲器 74HC244 和 8255A 扩展外部中断,可用于中断键盘、看门狗、多路模拟量定时采样等系统。

6.1 用优先权编码器 74HC148 扩展外部中断

1. 优先权编码器 74HC148

74HC148 为 8-3 带优先权编码器,其引脚定义及功能见图 6-1 和表 6-1。

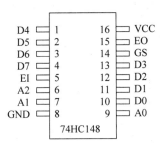

图 6-1 74HC148 引脚

表 6-1 **74HC148 引脚及功能**

PIN	功　　能
D0～D7	8 路信号输入端,低电平有效
EI	选通输入端,低电平有效
A2～A0	三位二进制编码输出
EO	输出使能,低电平有效
GS	编码状态,低电平有效

在 EI 和 EO 同时有效的条件下,当 D0～D7 引脚至少有一位有效信号输入(低电平)时,74HC148 二进制编码输出引脚 A2～A0 输出优先权最高信号位的二进制编码,并且 GS 输出低电平,优先级为 D7 最高,D0 最低。

2. 接口设计

由 1 片优先权编码器 74HC148 构成的 8 路带屏蔽管理外部中断源扩展接口见图 6-2。

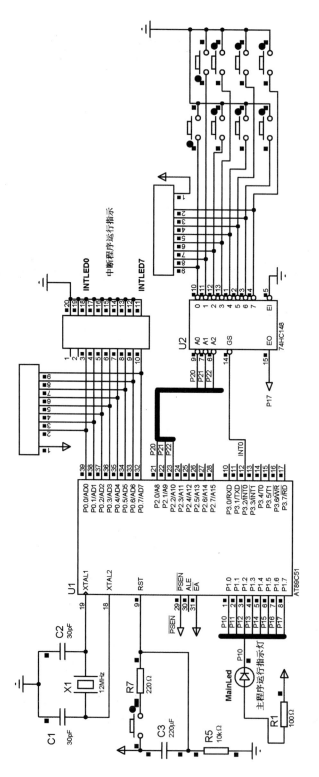

图 6-2 8 路外部中断扩展电路

74HC148 的 8 位信号输入端作为外部中断请求输入端 INTR0～INTR7,低电平有效。当 INTR0～INTR7 至少一位有效时,74HC148 对优先级最高的信号位编码(D7 脚最高,D0 脚最低),从 A2～A0 输出至 P2 口的 P2.2、P2.1 和 P2.0 脚。同时,GS＝0,通过外部中断请求引脚 $\overline{INT0}$,向 CPU 提出中断请求。在外部中断 INT0 的中断处理程序中,CPU 读取 P2.2、P2.1、P2.0 的值,得到外部中断请求源的 3 位二进制编码。

用 INTLED0～INTLED7 模拟 8 路外部中断处理,MAINLED 模拟主程序。主程序正常运行时,MAINLED 闪烁。当中断发生时,主程序暂停运行,MAINLED 停止闪烁,相应中断处理程序运行指示 INTLEDi 闪烁 100 次,然后返回主程序,MAINLED 闪烁。

3. 参考程序

```
#include <reg51.h>
#include <intrins.h>

#define UN8 unsigned char
#define UN16 unsigned int
sbit EO = P1^7;            //148 输出使能
sbit MLED = P1^0;
void vDelay(UN16 unTimer)
{
  while(unTimer--);
}
void vInt0() interrupt 0
{
  unsigned char ucD,ucIn,i;
  ucD = (~P2)&0x07;
  MLED = 1;                //主程序暂停,MAINLED 停止闪烁
  switch(ucD)
  {
    case 0:ucIn = 0x01;break;
//INT0 中断处理,INTLED0 闪烁 100 次,然后返回主程序
    case 1:ucIn = 0x02;break;
//INT1 中断处理,INTLED1 闪烁 100 次,然后返回主程序
    case 2:ucIn = 0x04;break;
//INT2 中断处理,INTLED2 闪烁 100 次,然后返回主程序
    case 3:ucIn = 0x08;break;
//INT3 中断处理,INTLED3 闪烁 100 次,然后返回主程序
    case 4:ucIn = 0x10;break;
//INT4 中断处理,INTLED4 闪烁 100 次,然后返回主程序
    case 5:ucIn = 0x20;break;
//INT5 中断处理,INTLED5 闪烁 100 次,然后返回主程序
    case 6:ucIn = 0x40;break;
//INT6 中断处理,INTLED6 闪烁 100 次,然后返回主程序
    case 7:ucIn = 0x80;break;
//INT7 中断处理,INTLED7 闪烁 100 次,然后返回主程序
    default:ucIn = 0x00;
  }
  for(i = 0;i < 100;i++)
  {
    P0 = ucIn; vDelay(0x1000);
```

```
          P0 = 0; vDelay(0x1000);
      }
   }

   void main()
   {
     IE = 0x81;                //CPU 开中断,INT0 中断允许
     IT0 = 0;                  //电平触发
     E0 = 0;                   //148 输出允许
     while(1)
     {
        MLED = ~MLED;vDelay(0x1000);
//主程序运行,MAINLED 闪烁,模拟主程序运行
     }
   }
```

6.2 用缓冲器 74HC244 扩展外部中断

1. 接口设计

以 3.1 节的设计模块为主控单元,采用 74HC244 扩展 8 路外部中断接口电路见图 6-3,端口地址见表 6-2。

74HC244 为双 4 单向数据缓冲器。A3～A0 为输入引脚,Y3～Y0 为对应的输出引脚,$\overline{OE}$ 为输出使能端,低有效。当 $\overline{OE}=1$ 时,Y 为高阻态。当 $\overline{OE}=0$ 时,Yi＝Ai。

74HC244 输出使能信号 $\overline{OE}$ 由系统读信号 $\overline{RD}$ 与 74HC244 片选信号 $\overline{Y2}$ 经或门产生,74HC244 端口地址为 2000H。

74HC244 的 8 个输入端模拟 8 路外部中断 INTR0～INTR7。同时,利用与非门 U7 和反相器 U8,产生向系统的中断请求信号,连接至 MCU 外部中断请求引脚 $\overline{INT0}$ 端。当至少有一个外部中断请求有效时,$\overline{INT0}$ 有效,触发 $\overline{INT0}$ 中断请求,在 $\overline{INT0}$ 中断处理程序中,MCU 读取 74HC244,查询外部中断请求源。可处理多个同时请求的外部中断,优先级顺序灵活,从最高位向最低位查询,则 INTR7 优先级最高,INTR0 优先级最低;从最低位向最高位查询,则 INTR0 优先级最高,INTR7 优先级最低。优先级查询可从任何一位开始。

74HC273 为 8D 带清零功能锁存器。1D～8D 为 8 位输入端,1Q～8Q 为 8 位输出端。MR 为清零端,低电平有效。CLK 为锁存时钟,在 CLK 上升沿,输入数据 D 被锁存。74HC244 输出时钟 CLK 由系统写信号 $\overline{WR}$ 与 74HC273 片选信号 $\overline{Y2}$ 经或非门产生。

利用 74HC273 扩展 8 位并行输出,连接 LED 条,当连接在 74HC244 输入端 INTRi 的按键按下时,模拟 INTRi 中断请求,则连接在 74HC273 输出的相应 LED 条闪烁 100 次,模拟外部中断处理程序运行。这时,代表主程序运行的发光二极管 MAINLED 停止闪烁。中断处理程序运行结束,返回主程序,MAINLED 继续闪烁。

74HC244 为输入端口,74HC273 为输出端口,共用系统片选信号 $\overline{Y2}$,共用端口地址 2000H。

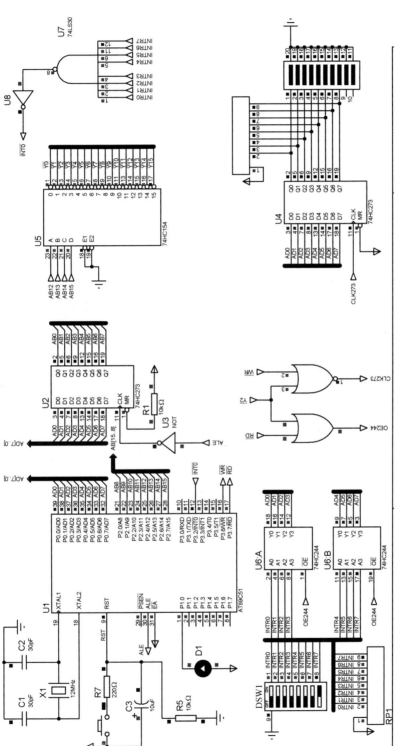

图 6-3 用缓冲器 74HC244 扩展外部中断接口电路

表 6-2　端口地址

$\overline{\text{Y2}}$	A15～A12	A11～A0	$\overline{\text{RD}}$	$\overline{\text{WR}}$	地　　址
0	0010	NC	0	1	2000H：读 74HC244
			1	0	2000H：写 74HC273

2．参考程序

```c
# include < reg51. h >
# include < intrins. h >
# include < absacc. h >

# define UN8 unsigned char
# define UN16 unsigned int
# define INT244 XBYTE[0x2000]
sbit MLED = P1^0;
void vDelay(UN16 unTimer)
{
    while(unTimer -- );
}
void vInt0() interrupt 0
{
    unsigned char ucD, i, ucIn;
    ucD = ~ INT244;
    MLED = 0;                        //主程序暂停模拟,MLED 停止闪烁
    switch(ucD)
    {
    case 0x00:ucIn = 0x01;break;
//INT0 中断处理,INTLED0 闪烁 100 次,然后返回主程序
        case 0x02:ucIn = 0x02;break;
//INT1 中断处理,INTLED1 闪烁 100 次,然后返回主程序
        case 0x04:ucIn = 0x04;break;
//INT2 中断处理,INTLED2 闪烁 100 次,然后返回主程序
        case 0x08:ucIn = 0x08;break;
//INT3 中断处理,INTLED3 闪烁 100 次,然后返回主程序
        case 0x10:ucIn = 0x10;break;
//INT4 中断处理,INTLED4 闪烁 100 次,然后返回主程序
        case 0x20:ucIn = 0x20;break;
//INT5 中断处理,INTLED5 闪烁 100 次,然后返回主程序
        case 0x40:ucIn = 0x40;break;
//INT6 中断处理,INTLED6 闪烁 100 次,然后返回主程序
        case 0x80:ucIn = 0x80;break;
//INT7 中断处理,INTLED7 闪烁 100 次,然后返回主程序
        default:ucIn = 0x00;
    }
    for(i = 0;i < 100;i++)
    {
        INT244 = ucIn; vDelay(0x1000);  //相应 LED 闪烁 100 次,返回子程序
        INT244 = 0; vDelay(0x1000);
    }
}
```

```
void main( )
{
    IE = 0x81;                          //开 CPU 中断,INT0 中断允许
    IT0 = 0;                            //低电平触发
    while(1)
    {
        MLED = ～MLED;vDelay(0x1000);
//主程序运行,MAINLED 闪烁,模拟主程序运行
    }
}
```

6.3　用 8255A 扩展外部中断

1. 接口设计

以 3.1 节的设计模块为主控单元,采用 8255A 端口 PB 扩展 8 路外部中断接口电路见图 6-4。

初始化 8255A 端口 PB 为工作方式 0 输入,8 输入端作为 8 路外部中断 INTR0～INTR7 请求。同时,利用与非门 U4 和反相器 U6,产生向系统的中断请求信号,连接至 MCU 外部中断请求引脚 $\overline{\text{INT0}}$ 端。当至少有一个外部中断请求有效时,$\overline{\text{INT0}}$ 有效,触发 $\overline{\text{INT0}}$ 中断请求,在 $\overline{\text{INT0}}$ 中断处理程序中,MCU 读取 8255A 端口 PB,查询外部中断请求源。可处理多个同时请求的外部中断,优先级顺序灵活,从最高位向最低位查询,则 INTR7 优先级最高,INTR0 优先级最低;从最低位向最高位查询,则 INTR0 优先级最高,INTR7 优先级最低。优先级查询可从任何一位开始。

利用 8255A 的端口 PC 显示当前中断请求的编号 1～8,端口 PA 连接 LED 条,当有 INTRi 中断发生时,端口 PC 显示当前中断请求编号 1～8,连接在端口 PA 的 LED 条闪烁 100 次,模拟外部中断处理程序运行。这时,代表主程序运行的发光二极管 MLED 停止闪烁。中断处理程序运行结束,返回主程序,MLED 继续闪烁,LED 显示 0x00。

8255A 片选信号连接系统片选信号 $\overline{\text{Y1}}$,各端口地址见表 6-3。

表 6-3　8255A 端口地址

$\overline{\text{Y1}}$	A15～A12	A11～A2	A1	A0	地　　　址
0	0001	NC	0	0	1000H:端口 A
0	0001	NC	0	1	1001H:端口 B
0	0001	NC	1	0	1002H:端口 C
0	0001	NC	1	1	1003H:控制端口

2. 参考程序

```
# include "reg51.h"
# include < absacc.h >
# define uchar unsigned char
# define uint unsigned int

# define P1A8255 XBYTE[0x1000]   //Y1
# define P1B8255 XBYTE[0x1001]
```

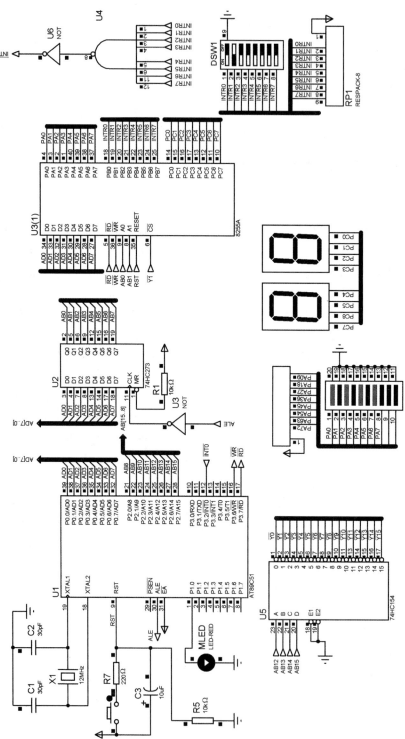

图 6-4 用 8255A 扩展外部中断接口电路

```
#define P1C8255 XBYTE[0x1002]
#define P1COM8255 XBYTE[0x1003]
sbit MLED = P1^0;

void vDelay(unsigned int uiT )
{
  while(uiT -- ) ;
 }

void EINT0( ) interrupt 0
{
    uchar ucD, ucIn, i;
    ucD = P1B8255;
    P1C8255 = ~ucD;
    for( i = 0; i < 100; i++ )
    {
      P1A8255 = 0x55; vDelay(0x1000);
      P1A8255 = 0xaa; vDelay(0x1000);
    }
    P1C8255 = 0x00;
}

void delayms(uint j)
 {
     while (j -- );
 }

void main( )
{
//   unsigned char ucD;
  IE = 0x81;
  IT0 = 0;
  P1COM8255 = 0x82;
  P1A8255 = P1B8255;
  P1C8255 = 0x55;
  while(1)
  {
   MLED = ~MLED;            //模拟主程序运行
   P1C8255 = 0x00;
   vDelay(1000);
  }
}
```

## 第 7 章

串行通信端口扩展

本章介绍串行通信端口扩展技术,采用分时复用方式,实现 4 路、8 路串行通信端口扩展。

7.1 双机通信

7.1.1 单片机双机通信

1. 虚拟终端

Proteus 提供了一个具有键盘与显示双重功能的虚拟终端(Virtual Terminal),实现串行通信程序的调试与仿真。虚拟终端兼容 TTL 和 RS232C 通信协议和电平,可仿真单片机之间以及单片机与 PC 之间的串行通信。

在 Proteus 中仿真运行虚拟终端时,会弹出一个仿真界面。虚拟终端和 PC 的键盘关联,在虚拟终端仿真屏幕单击鼠标,将键盘输入焦点放在虚拟终端,则从键盘输入的字符经虚拟终端发送。当单片机经串口发送数据时,虚拟终端相当于接收器的显示器,显示相应信息。

1)虚拟终端特性

全双工:以 ASCII 码形式显示所接收的数据,以 ASCII 码形式发送键盘输入字符。

可采用零调制解调器形式连接:RXD 接收数据,TXD 发送数据。

可采用两线硬件联络方式连接:RTS 发送准备好,CTS 清除发送数据。

波特率范围:300~57 600b/s,发送方和接收方选定相同的波特率。

数据帧格式:7 或 8 个数据位,0、1 或 2 个停止位,奇、偶校验或无校验。

2)虚拟终端连接

在 Proteus 中单击工具箱中的 Virtual Instrument Mode 图标,在弹出的虚拟仪器列表中选择虚拟终端,在原理图中单击,即可放置一个虚拟终端。

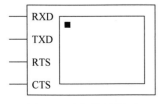

图 7-1 虚拟终端模型

虚拟终端模型见图 7-1,有 4 个外部引脚:

RXD——串行数据接收。

TXD——串行数据发送。

RTS——请求发送。

CTS——清除发送,是 RTS 的响应信号。

将虚拟终端的 RXD 与单片机 TXD 连接,虚拟终端的 TXD 和单片机的 RXD 连接,见图 7-1。

3) 虚拟终端属性设置

选中虚拟终端并右击,通过快捷菜单命令可设置虚拟终端工作属性,见图 7-2。

Baud Rate:波特率,300~57 600b/s。

Data Bits:传输数据位,7 或 8 位。

Parity:奇、偶校验或无校验。

Stop Bits:停止位,0、1、2 位。

Send XON/XOFF:第 9 位发送允许/禁止。

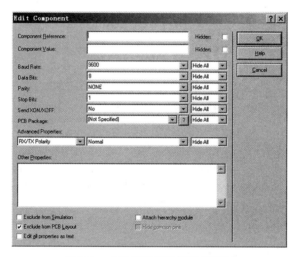

图 7-2　虚拟终端属性设置对话框

4) 虚拟终端仿真操作

在 Proteus 仿真界面中,单击仿真运行按钮,弹出虚拟终端仿真界面,见图 7-3。

图 7-3　虚拟终端仿真界面

虚拟终端接收的数据会显示在界面上。将光标置于虚拟终端屏幕上,可使用键盘输入字符,输入字符不在虚拟终端界面显示,而是由虚拟终端通过 TXD 发送出去。

虚拟终端支持 ASCII 控制代码 CR(0DH)、BS(08H)、BEL(07H),其他控制代码被忽略。

虚拟终端为纯数字模型,引脚无特殊电平要求,可以直接连接 PC 或 USRT 不需要 RS232 电平转换。

在默认情况下,虚拟终端不显示由键盘输入的字符。若需要显示用户输入的信息,则可右击,在快捷菜单中选择 Echo Typed Characters 命令。

使用 TEXT 属性可预定义虚拟终端传输字符,在 TEXT 中输入"TEXT＝"HELLO,
THE WORLD!"",则虚拟终端在启动时会自动发送。

2. 原理图

单片机双机通信接口见图 7-4。单片机连续发送字符串,虚拟终端接收并显示。虚拟
终端将在虚拟终端显示屏幕输入的字符发送给单片机,单片机显示接收字符的 ASCII 码。

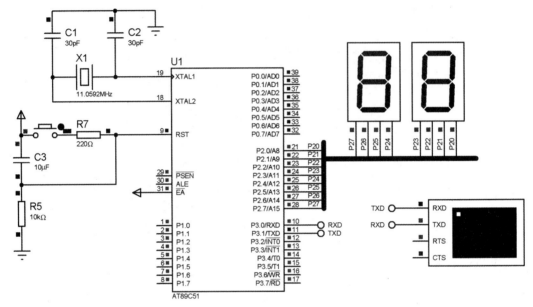

图 7-4　双机通信接口电路

3. 参考程序

```c
#include < reg51. h >
void vDelay(unsigned int uiT)
{
    while(uiT -- );
}
void vRs232Send(unsigned char * ucD)
{
    unsigned char i = 0;
    while(ucD[i]!= 0x00)
    {
        SBUF = ucD[i];                      //发送
        while(TI == 0);
        TI = 0;
        i++;
    }
    vDelay(1000);
}

void UART_SER (void) interrupt 4
{
    unsigned char ucD;
    if(RI == 1)
```

```
    {
        ucD = SBUF;                          //接收
        P2 = ucD;
        RI = 0;
    }
}

unsigned char ucD[] = {'3','6','2','1','0',0x0d,0x0a,0x00};
void main()
{
    unsigned char i = 0;
    TMOD = 0x20;                              //11.0952MHz,波特率 9600,方式 1
    TL1 = 0xfd;TH1 = 0xfd;
    SCON = 0xd8;PCON = 0x00;
    TR1 = 1;
    EA = 1;ES = 1;
    while(1)
    {
    vRs232Send(ucD);                          //连续发送
    vRs232Send("HELLO,THE WORLD!");
    }
}
```

7.1.2 单片机与 PC 通信

1. COMPIM

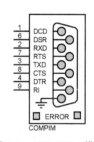

Proteus 提供了串口接口模块 COMPIM,实现 Proteus 仿真串口与 PC 物理串口的连接。COMPIM 在 Proteus 的 Miscellaneous 库中,模型见图 7-5。

COMPIM 引脚与串行通信的标准 DB9 通信引脚完全相同,在使用 COMPIM 调试单片机串行通信程序时,可采用零调制解调器连接方式,只需要连接 RXD 与 TXD 引脚即可。

图 7-5 COMPIM 模型

双击 COMPIM 模块,在 COMPIM 参数设置对话框中可进行参数设置,见图 7-6。

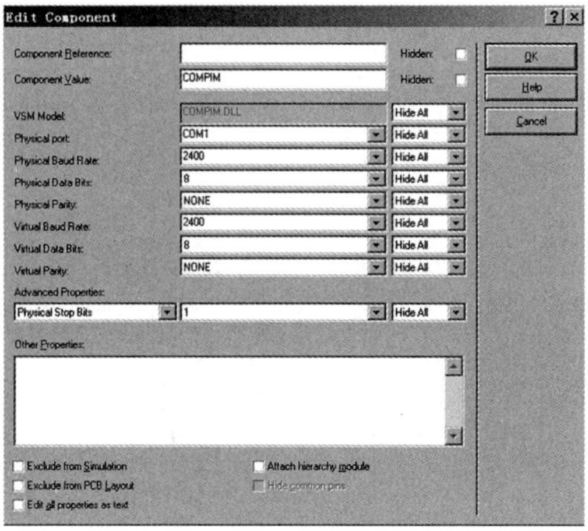

图 7-6 COMPIM 参数设置

部分参数说明如下:

Physical port——物理端口。COMPIM 对应的 PC 实际端口。

Physical Virtual Baud Rate——波特率,300~57 600b/s。

Physical Virtual Data Bits——传输数据位,7 或 8 位。

Physical Virtual Parity——奇偶校验,奇、偶或无校验。

2. 原理图

利用 MAX232 实现单片机 TTL 电平与 PC RS232 电平的电平转换,接口见图 7-7。利用 COMPIM 实现 Proteus 仿真平台与 PC 物理通信端口之间的通信。

仿真功能和程序与单片机双机通信相同。

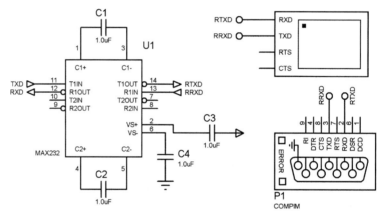

图 7-7 单片机与 PC 通信接口

7.2 多通道 TTL 电平串行通信接口

7.2.1 CD4051/CD4052

1. CD4051

CD4051 为 8 选 1 多路开关,允许双向传输,可实现 8 到 1 切换输入和 1 到 8 切换输出,引脚定义及功能见图 7-8 和表 7-1。

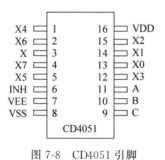

图 7-8 CD4051 引脚

表 7-1　CD4051 引脚功能表

引　脚　号	引　脚　名	功　　能
13,14,15,12,1,5,2,4	X0,X1,X2,X3,X4,X5,X6,X7	I/O 端
11,10,9	A,B,C	通道选择线
3	X	公共 I/O
6	INH	禁止端
7	VEE	电源－
8	VSS	数字信号地
16	VDD	电源＋

引脚功能描述：

X0～X7——I/O 端。

X——公共 I/O 端。

CBA——I/O 通道选择,选择 8 路 I/O 通道与公共 I/O 端 X 连接。

INH——禁止端。

VEE——负电源端。

VSS——数字信号地。

VDD——电源＋。

当 INH＝1 时,各通道截止；当 INH＝0 时,CBA 选中通道接通公共 I/O 端。

2. CD4052

CD4052 为双 4 选 1 多路开关,允许双向传输,可实现 4 到 1 切换输入和 1 到 4 切换输出,引脚定义及功能见图 7-9 和表 7-2。

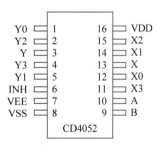

图 7-9　CD4052 引脚

表 7-2　CD4052 引脚功能表

引　脚　号	引　脚　名	功　　能
12,14,15,11	X0,X1,X2,X3	X 通道 I/O
1,5,2,4	Y0,Y1,Y2,Y3	Y 通道 I/O
9、10	A,B	通道选择线
13	X	X 通道公共 I/O
3	Y	Y 通道公共 I/O
6	INH	禁止端
7	VEE	电源－
8	VSS	数字信号地
16	VDD	电源＋

7.2.2　4 路 TTL 电平串行通信接口

1. 接口电路

4 路 TTL 电平串行通信接口电路由 1 片 4 位锁存器 74HC175 和 1 片 CD4052 组成,见图 7-10。74HC175 锁存器提供 CD4052 需要的通道选择信号 A、B 和控制信号 INH。

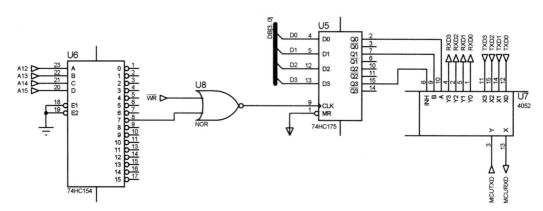

图 7-10 4 路 TTL 电平串行通信接口电路

4 路扩展通道编址及控制命令定义见表 7-3。

表 7-3 4 路扩展通道编址及控制命令

D3	D2	D1	D0	功　　能
INH	X	B	A	
1	X	X	X	禁止
0	X	0	0	选择通道 0
0	X	0	1	选择通道 1
0	X	1	0	选择通道 2
0	X	1	1	选择通道 3

与 MCU 及外部设备的连接信号如下：

- I/O[7..0]——数据线,输入/输出,连接系统数据总线 D[7..0]。
- MTXD、MRXD——公共串行发送/接收数据线,连接主系统 TXD 和 RXD。
- RXD0/TXD0——通道 0 串行发送/接收数据线,通道 0 收发信号。
- RXD1/TXD1——通道 1 串行发送/接收数据线,通道 1 收发信号。
- RXD2/TXD2——通道 2 串行发送/接收数据线,通道 2 收发信号。
- RXD3/TXD3——通道 3 串行发送/接收数据线,通道 3 收发信号。

2. 仿真原理图

与 AT89C51 连接见图 7-11，$\overline{Y7}$ 为片选信号，端口地址及控制命令见表 7-4。$\overline{CS}=\overline{Y7}$，单元片选信号：A15A14A13A12=0111B。

表 7-4 4 通道串行通信端口地址及控制命令

$\overline{CS}=\overline{Y7}$	A15A14A13A12	D3	D2	D1	D0	
		1	X	X	X	禁止
		0	0	0	0	选择通道 0
0	0111	0	0	0	1	选择通道 1
		0	0	1	0	选择通道 2
		0	0	1	1	选择通道 3

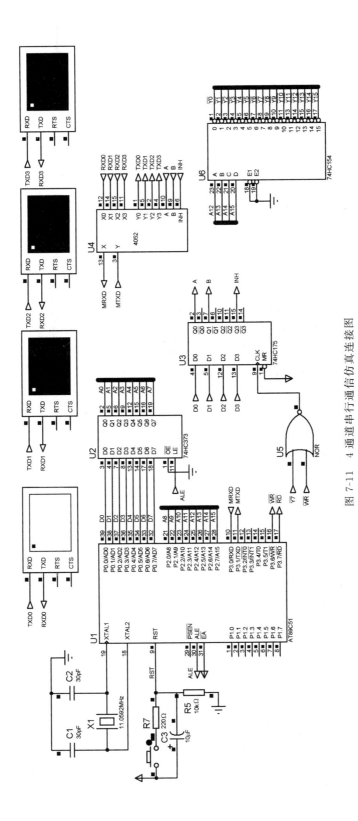

图 7-11 4 通道串行通信仿真连接图

端口及控制字定义：

```
#define PCOM4052 XBYTE[0x7000]
PCOM4052 = 0x00;              //选择通道 0;
PCOM4052 = 0x01;              //选择通道 1;
PCOM4052 = 0x02;              //选择通道 2;
PCOM4052 = 0x03;              //选择通道 3;
PCOM4052 = 0x08;              //禁止
```

3. 参考程序

功能：AT89C51 通过串行端口与 4 路模拟终端进行串行通信。

```c
#include <reg51.h>
#include <absacc.h>
#define P4052 XBYTE[0x7000]
void vDelay(unsigned int uiT)
{
  while(uiT--);
}
unsigned char ucD[] = {'3','6','2','1','0',0x0d,0x0a,0x00};
void vP4052(unsigned char ucN)
//ucN = 0,通道 0; ucN = 1,通道 1; ucN = 2,通道 2; ucN = 3,通道 3; ucN = 8,禁止
{
    switch (ucN)
    {
     case 0:P4052 = 0x00;break;
     case 1:P4052 = 0x01;break;
     case 2:P4052 = 0x02;break;
     case 3:P4052 = 0x03;break;
     default:P4052 = 0x08;break;
    }
    return;
}
void main()
{
    unsigned char i,j;
    TMOD = 0x20;             //11.0952MHz,波特率 9600,方式 1
    TL1 = 0xfd;TH1 = 0xfd;
    SCON = 0xd8;PCON = 0x00;
    TR1 = 1;
    while(1)
    {
    j = (j + 1) % 4;
    vP4052(j);              //通道选择
    i = 0;
    while(ucD[i]!= 0x00)
    {
      SBUF = ucD[i];       //循环发送
      while(TI == 0);
      TI = 0;
      i++;
```

```
    }
    vDelay(1000);
    }
}
```

7.2.3　8 路 TTL 电平串行通信接口

1. 接口电路

8 路 TTL 电平串行通信接口电路(见图 7-12)由 1 片 4 位锁存器 74HC175 和 2 片 CD4051 组成。74HC175 锁存器提供通道 CD4051 需要的通道选择信号 A、B、C 和控制信号 INH，功能定义见表 7-5。

表 7-5　8 路通道编址及控制命令

片选	INH	通 道 选 择			
$\overline{CS}$	D3	D2	D1	D0	
0	1	X	X	X	禁止
0	0	0	0	0	选择通道 0
0	0	0	0	1	选择通道 1
0	0	0	1	0	选择通道 2
0	0	0	1	1	选择通道 3
0	0	1	0	0	选择通道 4
0	0	1	0	1	选择通道 5
0	0	1	1	0	选择通道 6
0	0	1	1	1	选择通道 7

2. 仿真原理图

$\overline{Y8}$ 为片选信号，端口地址分配及控制命令见表 7-6。

表 7-6　端口地址分配及控制命令

$\overline{CS}=\overline{Y8}$	A15A14A13A12	D3	D2	D1	D0	
0	1000	1	X	X	X	禁止
		0	0	0	0	选择通道 0
		0	0	0	1	选择通道 1
		0	0	1	0	选择通道 2
		0	0	1	1	选择通道 3
		0	1	0	0	选择通道 4
		0	1	0	1	选择通道 5
		0	1	1	0	选择通道 6
		0	1	1	1	选择通道 7

端口及控制命令:

```
#define PCOM4051 XBYTE[0x8000]
PCOM4051 = 0x00;          //选择通道 0
PCOM4051 = 0x01;          //选择通道 1
PCOM4051 = 0x02;          //选择通道 2
```

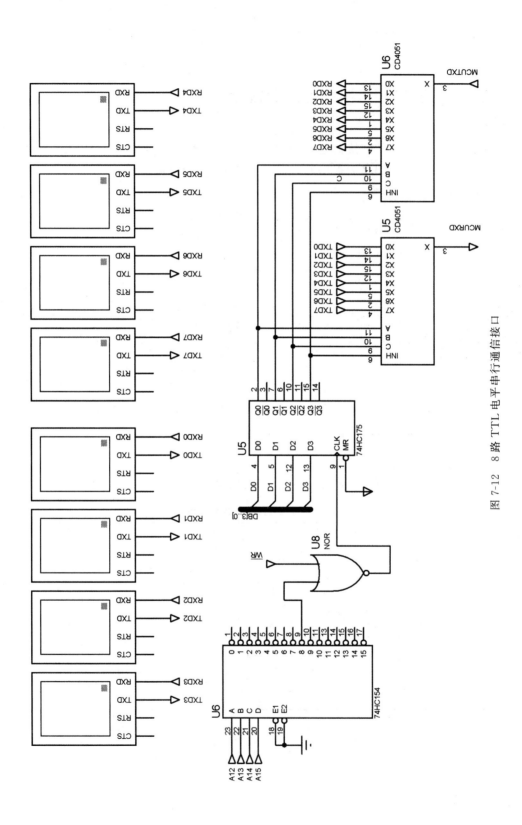

图 7-12 8 路 TTL 电平串行通信接口

```
PCOM4051 = 0x03;              //选择通道 3
PCOM4051 = 0x04;              //选择通道 4
PCOM4051 = 0x05;              //选择通道 5
PCOM4051 = 0x06;              //选择通道 6
PCOM4051 = 0x07;              //选择通道 7
PCOM4051 = 0x08;              //禁止
```

3. 参考程序

```c
#include <reg51.h>
#include <absacc.h>
#define P4051 XBYTE[0x7000]
void vDelay(unsigned int uiT)
{
   while(uiT--);
}
unsigned char ucD[] = {'3','6','2','1','0',0x0d,0x0a,0x00};
void vP4051(unsigned char ucN)
 {
     switch (ucN)
     {
      case 0:P4051 = 0x00;break;
      case 1:P4051 = 0x01;break;
      case 2:P4051 = 0x02;break;
      case 3:P4051 = 0x03;break;
      case 4:P4051 = 0x04;break;
      case 5:P4051 = 0x05;break;
      case 6:P4051 = 0x06;break;
      case 7:P4051 = 0x07;break;
      default:P4051 = 0x08;break;
     }
     return;
}


void vRs232Send(unsigned char * ucD)
{
     unsigned char i = 0;
     while(ucD[i]!= 0x00)
     {
       SBUF = ucD[i];                //循环发送
       while(TI == 0);
       TI = 0;
       i++;
     }
     vDelay(1000);
}


void UART_SER (void) interrupt 4
{
     unsigned char ucD;
     if(RI == 1)
```

```
        {
            ucD = SBUF;
            P1 = ucD;
            RI = 0;
        }
    }
    void main()
    {
        unsigned char i,j;
        TMOD = 0x20;                    //11.0952MHz,波特率 9600,方式 1
        TL1 = 0xfd; TH1 = 0xfd;
        SCON = 0xd8; PCON = 0x00;
        TR1 = 1;
        while(1)
        {
        j = (j + 1) % 8;
        vP4051(j);
        vRs232Send("HI,THE WORLD!"); vDelay(9000);
        vRs232Send(ucD); vDelay(9000);
        }
    }
```

7.3　4 路 RS232C 通信接口

7.3.1　RS232C 标准

美国 EIA(电子工业协会)于 1969 年发布了为使远程通信连接数据终端设备(Data Terminal Equipment,DTE)与数据通信设备(Data Communication Equipment,DCE)能够进行数据交换而制定的协议,即 RS232C 协议,并成为所有串行通信标准的基础。RS232C 规定了 DTE 和 DCE 之间的接口信号,有 DB25 和 DB9 两种连接器,DB9 引脚信号定义见图 7-13 和表 7-7。

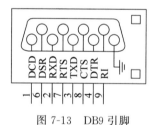

图 7-13　DB9 引脚

表 7-7　DB9 引脚定义

DB25	DB9	引脚名称	I/O	功　能
2	3	TXD	输出	数据发送引脚
3	2	RXD	输入	数据接收引脚
4	7	RTS	输出	请求数据发送引脚
5	8	CTS	输入	RTS 的应答信号,同意并开始发送

续表

DB25	DB9	引 脚 名 称	I/O	功　　能
6	6	DSR	输出	发送准备好
7	5	GND	—	公共地
8	1	DCD	输入	数据载波检测引脚
20	4	DTR	输出	接收准备好
22	9	RI	输入	振铃信号引脚

RS232C 规定,在码元畸变小于 4% 情况下,最大传输距离小于 15m。在实际应用中,码元畸变在 10%～20% 时,也能正常传输信息,实际传输距离最大可达 150m。

RS232C 推荐一种三线制零调制解调器连接方式,发送方 TXD 与接收方 RXD 交叉相连,信号地相连,适用于微机之间、微机与嵌入式系统之间的连接,见图 7-14。

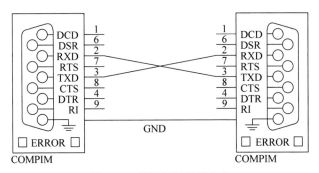

图 7-14　零调制解调器方式

7.3.2　MAX232 接口芯片

RS232C 对串行通信的电气特性和电平特性做了规定:

在 TXD 和 RXD 数据上,逻辑 1(MARK)＝ −15～−3V;逻辑 0(SPACE)＝ +3～+15V。

在 RTS/CTS/DSR/DTR/CD 等控制线上,信号有效:+3～+15V;信号无效:−15～−3V。

RS232C 规定的逻辑电平与计算机及其外设的 TTL 电平逻辑不同,连接时需要进行电平转换。

MAX232 为 RS232C 标准与 TTL/CMOS 电平转换芯片,+5V 单电源供电,可实现 UASRT 端的 RS232C 电平与 TTL/CMOS 电平的逻辑转换,引脚定义及连接见图 7-15 和图 7-16,可实现两对 RS232C 收发逻辑电平转换。

1、2、3、4、5、6 脚和 4 只电容构成电荷泵电路,产生 +12V 和 −12V 两个电源,提供给 RS232C 串口电平的需要。7、8、9、10、11、12、13、14 脚构成两个数据通道,其中 13 脚(R1IN)、12 脚(R1OUT)、11 脚(T1IN)、14 脚(T1OUT)为第一数据通道;8 脚(R2IN)、9

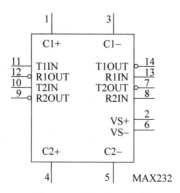

图 7-15　MAX232 引脚

脚(R2OUT)、10 脚(T2IN)、7 脚(T2OUT)为第二数据通道。TTL/CMOS 数据从 T1IN、T2IN 输入转换成 RS232C 数据从 T1OUT、T2OUT 送到 DB9 插头;DB9 插头的 RS232C 数据从 R1IN、R2IN 输入转换成 TTL/CMOS 数据后从 R1OUT、R2OUT 输出。

　　RS232C 典型应用连接见图 7-16,实现两对串行通信电平转换。

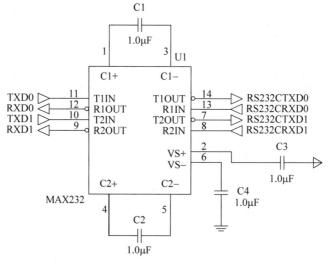

图 7-16　MAX232 接口电路

7.3.3　4 路 RS232C 通信接口

　　在 4 路 TTL 电平串行接口扩展基础上,设计 4 路 RS232C 串行接口。

　　4 路 RS232C 串行通信接口电路由 1 片 4 位锁存器 74HC175 和 1 片 CD4052 组成,见图 7-17。74HC175 锁存信号 LE 作为单元片选信号,同时提供通道 CD4052 需要的通道选择信号 A、B 和控制信号 INH。2 片 MAX232 实现 4 路串行通信信号(RXD 与 TXD)的 TTL 与 RS232C 电平转换。

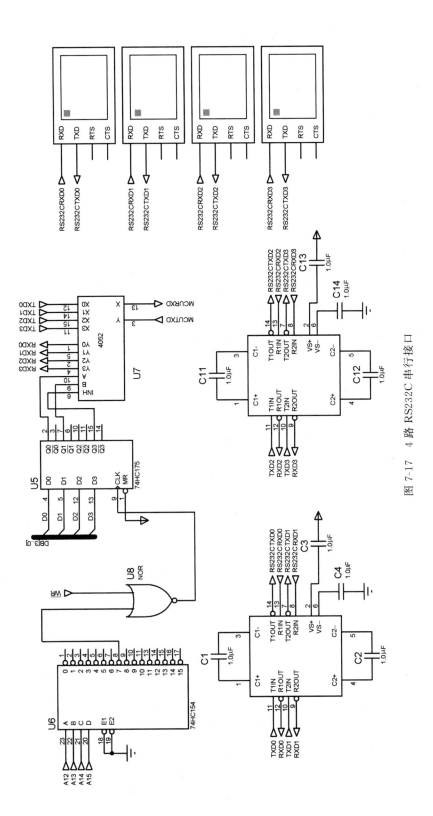

图 7-17 4 路 RS232C 串行接口

7.4　4路 RS422 通信接口

7.4.1　RS422 标准

RS422 标准是一种平衡传输方式,即双端发送和双端接收,需要两条传输线 AA'和 BB',连接电路见图 7-18,发送端和接收端分别使用平衡发送器和差动接收器。

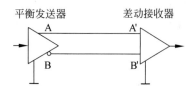

图 7-18　RS422 传输线连接

RS422 逻辑电平定义:当 AA'线电平高于 BB'电平 200mV 时,为高电平,即逻辑 1;当 AA'线电平低于 BB'电平 200mV 时,为低电平,即逻辑 0。

RS422 采用双绞线传输,增强了抗共模干扰能力,最大传输速率 10Mb/s,最大传输距离 2000 米。通信线路中只允许一个发送器,可有多个接收器。允许发送器输出为 $-6\sim-2$V(或 $2\sim6$V),接收器输入电平可为 ±200mV。

常用平衡驱动器/接收器集成电路芯片包括 MC3487/3486、SN75179。

7.4.2　RS422 标准接口 SN75179

1. 引脚

封装及引脚见图 7-19 和表 7-8。

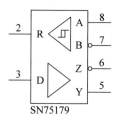

图 7-19　SN75179 封装

表 7-8　SN75179 引脚功能表

引　　脚	引脚名称	功　　能
2	R	串行数据接收
3	D	串行数据发送
5	Y	驱动器同向输出
6	$\overline{Z}$	驱动器反向输出
7	$\overline{B}$	接收器反向输入
8	A	接收器同向输入

2. RS422 接口

接口电路见图 7-20,SN75179 将来自单片机的 TTL 电平信号 TXD 转换为差分电平信号 Z-Y 输出。同时,将来自外部设备的差分电平信号 A-B 转换为 TTL 电平信号 RXD 提供给单片机。

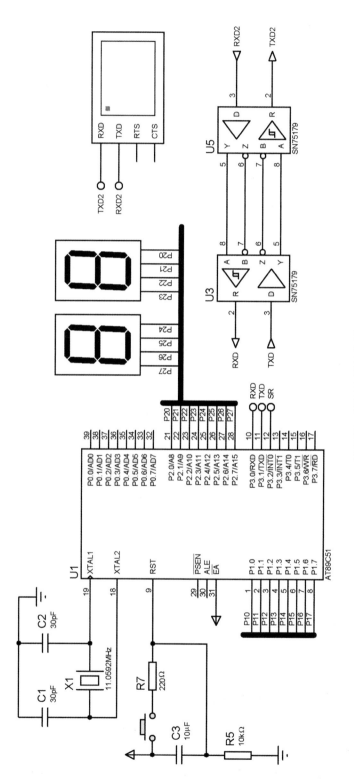

图 7-20　RS422 接口电路

3. 参考程序

```
# include < AT89X52.h>
void vDelay(unsigned int uiT)
{
  while(uiT -- );
}
void vRs232Send(unsigned char * ucD)
{
    unsigned char i = 0;
    while(ucD[i]!= 0x00)
     {
      SBUF = ucD[i];              //循环发送
      while(TI == 0);
      TI = 0;
      i++;
     }
    vDelay(1000);
}

void UART_SER (void) interrupt 4
{
    unsigned char ucD;
    if(RI == 1)
     {
        ucD = SBUF;
        P2 = ucD;                //接收字符显示
        RI = 0;
     }
}

unsigned char ucD[ ] = {'3','6','2','1','0',0x0d,0x0a,0x00};

void main()
{
    TMOD = 0x20;                  //11.0952MHz,波特率9600,方式1
    TL1 = 0xfd;TH1 = 0xfd;
    SCON = 0xd8;PCON = 0x00;
    TR1 = 1;
    EA = 1;ES = 1;
    vRs232Send(ucD);
    while(1)
    {
      vRs232Send("HI,THE WORLD! ");
      vDelay(9000);      vDelay(9000);
      vRs232Send(ucD);SR = 0;
      vDelay(9000);      vDelay(9000);

    }
}
```

7.4.3 4 路 RS422 接口模块

在 4 路 TTL 电平串行接口扩展基础上,设计 4 路 RS422 串行接口。

1. 接口电路

4 路 RS422 串行通信接口电路由 1 片 4 位锁存器 74HC175、1 片 CD4052 和 4 片 SN75179 组成,见图 7-21。74HC175 锁存信号 LE 作为单元片选信号,同时提供通道 CD4052 需要的通道选择信号 A、B 和控制信号 INH。4 片 SN75179 实现 4 路 RS422 电平转换。

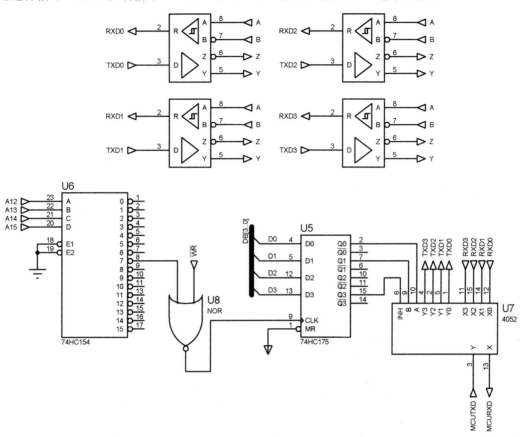

图 7-21 4 路 RS422 串行接口

接口信号定义见表 7-9。

表 7-9 接口信号定义

接口信号	说 明	输入/输出
D[7..0]	数据总线	输入
$\overline{WR}$	写控制信号线	输入
$\overline{CS}$	片选	输入
MCURXD	串行数据接收,接单片机 RXD	输出
MCUTXD	串行数据发送,接单片机 TXD	输入
Y0	通道 0 发送同向输出 SD+	输出
Z0	通道 0 发送反向输出 SD−	输出
A0	通道 0 接收同向输入 RD+	输入
B0	通道 0 接收反向输入 RD−	输入
Y1	通道 1 发送同向输出 SD+	输出
Z1	通道 1 发送反向输出 SD−	输出
A1	通道 1 接收同向输入 RD+	输入
B1	通道 1 接收反向输入 RD−	输入
Y2	通道 2 发送同向输出 SD+	输出
Z2	通道 2 发送反向输出 SD−	输出
A2	通道 2 接收同向输入 RD+	输入

续表

接口信号	说　　明	输入/输出
B2	通道2接收反向输入 RD−	输入
Y3	通道3发送同向输出 SD+	输出
Z3	通道3发送反向输出 SD−	输出
A3	通道3接收同向输入 RD+	输入
B3	通道3接收反向输入 RD−	输入

2. 参考程序

与4路 TTL 电平串行通信程序相同,参见 7.2.2 节。

7.5　4路 RS485 通信接口

7.5.1　RS485 标准

RS485 标准为 RS422 的增强版,与 RS422 兼容,并扩展了 RS422 的功能,允许在通信线路中有多个发送器(RS422 只允许一个发送器),为多发送器标准。

RS485 允许一个发送器驱动多个负载设备,负载设备可以是发送器、接收器或收发组合单元。RS485 的共线电路结构是在一对平衡传输线的两端都配备终端电阻,通信线路中的发送器、接收器和组合收发器可挂接在平衡传输线的任何位置,实现在数据传输中多个驱动器和接收器共用同一传输线的多点应用。

RS485 标准具有如下特点:

- 采用差动发送/接收,共模抑制比高,抗干扰能力强。
- 最大传输速率为 10Mb/s。
- 在零调制解调器方式下,采用双绞线,最大传输距离可达 2000m。
- 实现多点对多点通信,RS485 允许平衡电缆上连接 32 个发送器/接收器。

7.5.2　接口芯片 MAX485

1. MAX485 引脚及功能

MAX485 为半双工收发组合器件,其引脚见图 7-22。

引脚定义如下:

- RO——接收器输出。
- DI——驱动器输入。
- $\overline{\text{RE}}$——接收器输出使能,低电平有效。
- DE——驱动器输出使能,高电平有效。
- A——接收器正向输入端/驱动器正向输出端。
- B——接收器反向输入端/驱动器反向输出端。

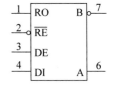

图 7-22　MAX485 引脚

2. RS485 与 TTL/CMOS 接口

接口设计中使用 MAX485 接口芯片 MAX485。RO 和 DI 分别为 TTL 电平串行数据输出和输入端,$\overline{\text{RE}}$ 和 DE 为控制端,使用时连在一起,高电平使能发送,低电平使能接收。用虚拟终端接收和发送。

TTL/CMOS 电平与 RS485 电平转换接口电路见图 7-23。当 SR=1 时,单片机使能发送,虚拟终端使能接收;当 SR=0 时,单片机使能接收,虚拟终端使能发送。

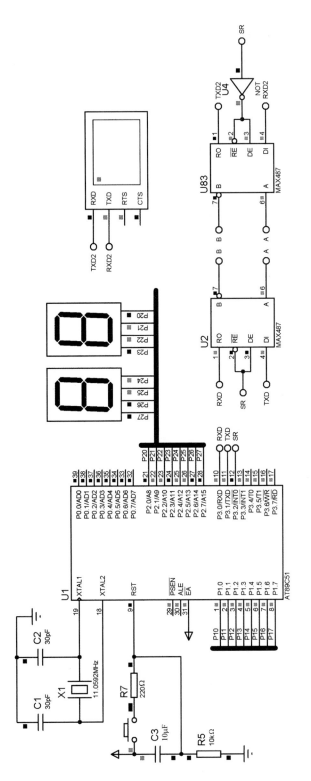

图 7-23　RS485 电平转换接口

RS458 接口信号定义见表 7-10。

表 7-10 RS458 接口信号定义

接 口 信 号	说　　　　明
RXD	接 AT89C51RXD
TXD	接 AT89C51TXD
$\overline{\text{RE}}$	接收使能,$\overline{\text{RE}}$=0,允许接收
DE	发送使能,DE=1,允许发送
A	差分接收正向输入端/差分发送正向输出端
B	差分接收反向输入端/差分发送反向输出端

7.6　串行 LCD1602 接口

1. 串行 LCD 显示器

Proteus 提供了 MILFORD-2×20-BKP 用于 LCD 显示仿真,基于 HD44780LCD 控制器,与 LCD1602 有相同的操作指令集,仅使用一条串行通信数据线连接,封装及引脚见图 7-24。按串行通信工作方式 1 进行串口初始化和程序设计,单片机与串行 LCD1602 应有相同的波特率和通信帧格式,程序设计参见本节参考程序。

图 7-24　串行 LCD 显示器封装及引脚

2. 接口电路

串行 LCD 接口电路(见图 7-25)用于实现 2 行字符串滚动显示。

3. 参考程序

```c
#include "reg51.h"
typedef unsigned char uchar;
typedef unsigned int uint;

void delayms(uint);
void putcLCD(uchar ucD)
{
  SBUF = ucD;
  while(!TI);
  TI = 0;
}
uchar GetcLCD()
{
  while(!RI);
  RI = 0;
  return SBUF;
}
void vWRLCDCmd(uchar Cmd)
```

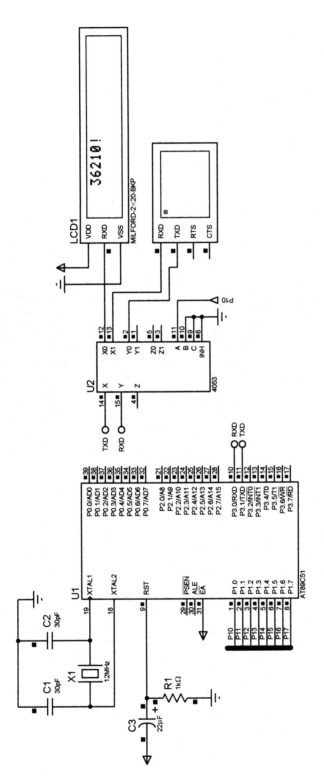

图 7-25 串行 LCD 显示器接口电路

```
{
    putcLCD(0xfe);
    putcLCD(Cmd);
}
void LCDShowStr(uchar x, uchar y, uchar * Str)
{
    uchar code DDRAM[] = {0x80, 0xc0};
    uchar i;
    vWRLCDCmd(DDRAM[x] | y);
    i = 0;
    while(Str[i] != '\0')
    {
        putcLCD(Str[i]); i = i++;
        delayms(10);
    }
}
void main(void)
{
    uchar ucD, i, ucT[] = {0x0d, 0x0a};
    TMOD = 0x20;                                  //初始化工作方式1, 波特率9600
    TH1 = 0xFD;
    TL1 = 0xFD;
    SCON = 0x50;
    RI = 0; TI = 0; TR1 = 1; delayms(10);
    while(1)
    {
        i = (i + 1) % 20;
        vWRLCDCmd(0x01); delayms(100);
        LCDShowStr(0, i, "36210! "); delayms(10000);   //字符串滚动显示
        LCDShowStr(1, i, "777888! "); delayms(10000);   //
    }
}

void delayms(uint j)
{
    while (j--);

}
```

7.7 分时通信与显示

利用CD4053将8051仅有的一个串行通信端口扩展成2路串行输出,其中一路用于通信,另一路用于串行LCD1602显示。

1. CD4053

CD4053为3路2通道数据选择开关,封装及引脚见图7-26,引脚定义见表7-11。

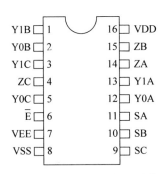

图 7-26　CD4053 封装及引脚

表 7-11　CD4053 引脚定义

引脚号	引脚名	说　　明	引脚号	引脚名	说　　明
1	Y1B	独立输入/输出端	9	SC	选择输入端
2	Y0B	独立输入/输出端	10	SB	选择输入端
3	Y1C	独立输入/输出端	11	SA	选择输入端
4	ZC	公共输入/输出端	12	Y0A	独立输入/输出端
5	Y0C	独立输入/输出端	13	Y1A	独立输入/输出端
6	$\overline{\text{E}}$	使能输入	14	ZA	公共输入/输出端
7	VEE	负电源电压	15	ZB	公共输入/输出端
8	VSS	地	16	VDD	电源

当使能信号 $\overline{\text{E}}$ 无效时,所有输入/输出处于高阻关断状态。

当使能信号 $\overline{\text{E}}$ 有效时,两个开关 Y0n 与 Y1n 中的一个被 Sn 选通,连接到公共端 Zn, n＝A/B/C。

2. 接口电路

利用 CD4053 实现分时通信与显示接口电路见图 7-27,P1.0 连接 CD4053 的通道 0 选择端 A,当 P1.0＝0 时选择串行 LCD1602 输出,显示字符串"36210!"。当 P1.0＝1 时选择串行通信输出,向虚拟终端发送字符串"HI,THE WORLD!"。

仿真结果见图 7-28。

3. 参考程序

```
# include "reg51.h"
sbit SW = P1^0;
typedef unsigned char uchar;
typedef unsigned int uint;

void delayms(uint);

void putcLCD(uchar ucD)
{
  SBUF = ucD;
  while(!TI);
  TI = 0;
}
```

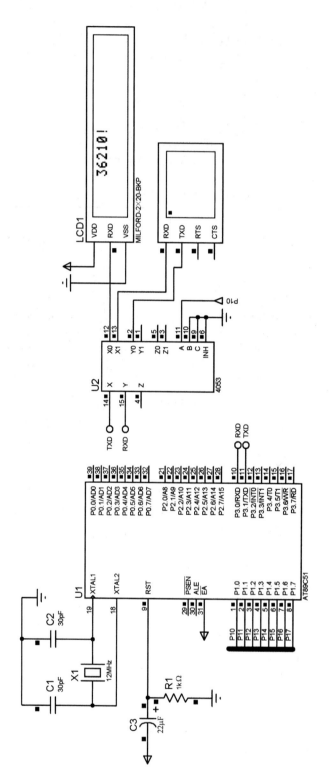

图 7-27 分时通信与显示

图 7-28　仿真结果

```
uchar GetcLCD()
{
  while(!RI);
  RI = 0;
  return SBUF;
}

void vWRLCDCmd(uchar Cmd)
{
  putcLCD(0xfe);
  putcLCD(Cmd);
}

void LCDShowStr(uchar x, uchar y, uchar * Str)
{
  uchar code DDRAM[ ] = {0x80,0xc0};
  uchar i;
  vWRLCDCmd(DDRAM[x]|y);
  i = 0;
  while(Str[i]!= '\0')
   {
        putcLCD(Str[i]);i = i++;
        delayms(10);
     }
}

void UARTStr(uchar * Str)
{
   uchar i = 0;
   while(Str[i]!= '\0')
   {
     putcLCD(Str[i]);i = i++;
        delayms(10);
   }
}
void main(void)
```

```c
{
    uchar ucD, i, ucT[ ] = {0x0d, 0x0a};
    TMOD = 0x20;
    TH1 = 0xFD;
    TL1 = 0xFD;
    SCON = 0x50;
    RI = 0; TI = 0; TR1 = 1; delayms(10);
    while(1)
    {
        i = (i + 1) % 10;
        SW = 0;                                    // 串行 LCD1602 显示
        vWRLCDCmd(0x01); delayms(100);
        LCDShowStr(0, i, "36210! "); delayms(10000);
        SW = 1;                                    //串行通信
        UARTStr("HI, THE WOLRD!");
    }
}
```

第 8 章

CHAPTER 8

USB 接口扩展

本章利用 USB 转换芯片 CH340 将单片机的串行通信接口升级到 USB 总线标准,便于与 PC 及其他 USB 设备连接。

8.1 CH340

8.1.1 基本特性

CH340 是 USB 总线接口芯片,实现 USB 总线标准与串口总线标准的转换,可提供常用的调制解调器联络信号,用于为计算机扩展异步串口,或者将普通串口设备升级到 USB 总线。

其基本特性如下:

(1) 全速 USB 设备接口,兼容 USB V2.0,外围器件只需要晶体振荡器和电容。

(2) 仿真标准串口,用于升级原串口外围设备,或者通过 USB 增加额外串口。

(3) 计算机端 Windows 操作系统下的串口应用程序完全兼容。

(4) 硬件全双工串口,内置收发缓冲区,支持通信波特率 50bps~2Mbps。

(5) 支持常用的调制解调器联络信号 RTS、DTR、DCD、RI、DSR、CTS。

(6) 通过外加电平转换器件,提供 RS232C、RS485、RS422 等接口。

(7) 支持 IrDA 规范 SIR 红外线通信,支持波特率 2400~115 200bps。

(8) 软件兼容 CH341,可以直接使用 CH341 的驱动程序。

(9) 支持 5V 电源电压和 3.3V 电源电压。

8.1.2 封装及引脚

CH340 提供 SSOP-20 和 SOP-16 封装,支持异步串口 UART 和 IrDA 红外接口,见图 8-1。

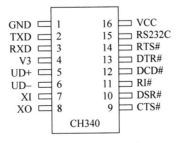

图 8-1　CH340 引脚

常用的异步串行通信芯片为 16 脚 CH340G,引脚定义见表 8-1。

表 8-1　CH340G 引脚定义

引脚号	引脚名称	类型	说　明
16	VCC	电源	正电源输入端,需要外接 $0.1\mu F$ 退耦电容
1	GND	电源	公共接地端,直接连 USB 总线地
4	V3	电源	电源电压为 5V 时,外接容量为 $0.01\mu F$ 退耦电容 电源电压为 3.3V 时,连接 VCC
7	XI	输入	晶体振荡输入端,外接晶体振荡器及振荡电容
8	XO	输出	晶体振荡反相输出端,外接晶体振荡器及振荡电容
5	UD+	USB 信号	连接 USB 总线 D+数据线
6	UD−	USB 信号	接连 USB 总线 D−数据线
2	TXD	输出	串行数据输出
3	RXD	输入	串行数据输入,内置可控的上拉和下拉电阻
9	CTS♯	输入	调制解调器联络输入信号,清除发送,低有效
10	DSR♯	输入	调制解调器联络输入信号,数据装置就绪,低有效
11	RI♯	输入	调制解调器联络输入信号,振铃指示,低有效
12	DCD♯	输入	调制解调器联络输入信号,载波检测,低有效
13	DTR♯	输出	调制解调器联络输出信号,数据终端就绪,低有效
14	RTS♯	输出	调制解调器联络输出信号,请求发送,低有效
15	RS232C	输入	辅助 RS232C 使能,高电平有效,内置下拉电阻

CH340G 内置上电复位电路。正常工作时需要外部向 XI 引脚提供 12MHz 的时钟信号。一般情况下,时钟信号由内置反相器通过晶体振荡产生。外围电路需要在 XI 和 XO 引脚之间连接一个 12MHz 的晶体振荡器,XI 和 XO 引脚对地连接电容。

CH340G 支持 5V 电源电压和 3.3V 电压电源。当使用 5V 工作电压时,VCC 引脚输入外部 5V 电源电压,V3 引脚外接容量为 4700pF 或者 $0.01\mu F$ 的电源退耦电容。当使用 3.3V 工作电压时,V3 引脚与 VCC 引脚相连接,同时输入外部的 3.3V 电源电压,与 CH340G 芯片相连接的其他电路工作电压不能超过 3.3V。

异步串口方式下的数据传输引脚为 TXD 引脚和 RXD 引脚。串口输入空闲时,RXD 为高电平,如果 RS232C 引脚为高电平启用辅助 RS232C 功能,那么 RXD 引脚内部自动插入一个反相器,默认为低电平。

调制解调器联络信号引脚为 CTS♯引脚、DSR♯引脚、RI♯引脚、DCD♯引脚、DTR♯引脚和 RTS♯引脚。

内置独立的收发缓冲区,支持单工、半双工或者全双工异步串行通信。串行数据帧包括 1 个低电平起始位,5、6、7 或 8 个数据位,1 个或 2 个高电平停止位,支持奇校验/偶校验/标志校验/无校验。

支持常用通信波特率。串口发送信号波特率误差小于 0.3%,串口接收信号允许波特率误差不小于 2%。

8.2　USB 接口扩展

1. USB 转 RS232C 接口(零调制解调器)

CH340 提供了常用的串口信号及调制解调器信号,通过电平转换电路将 TTL 串口转换为 RS232C 接口,见图 8-2。

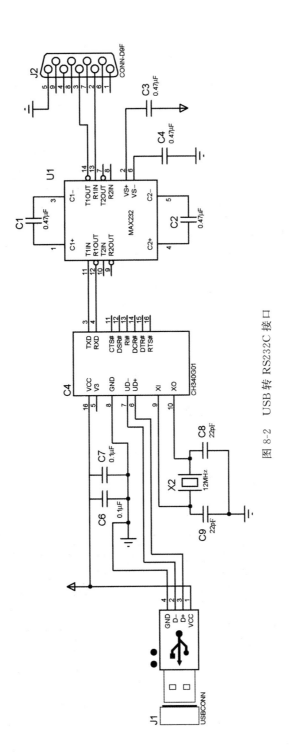

图 8-2　USB 转 RS232C 接口

USB 总线包括一对 5V 电源线和一对数据信号线。USB 总线提供最大可达到 500mA 的电流,一般情况下,CH340G 和低功耗 USB 产品可以直接使用 USB 总线提供的 5V 电源电压。

2. USB 转 TTL 串口

USB 转 TTL 电平串口电路见图 8-3。信号线只连接 RXD、TXD 以及公共地线,其他未用信号线悬空。

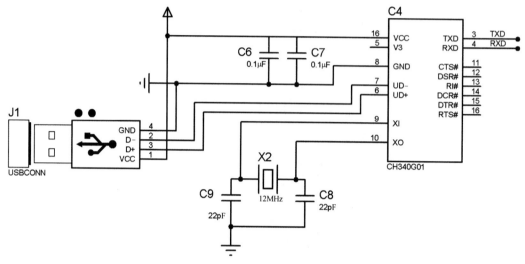

图 8-3   USB 转 TTL 串口电路

8.3   4 路 USB 扩展接口

1. 原理图

4 路 USB 扩展接口电路见图 8-4。电路由锁存器 74LS373 和多路数据开关 CD4052 组成。锁存器 74LS373 提供多路数据开关 CD4052 所需要的通路选择地址线 A、B。

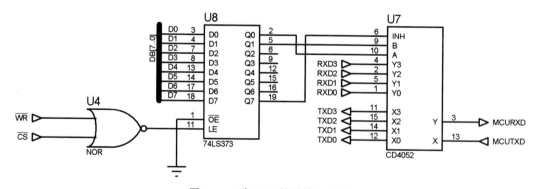

图 8-4   4 路 USB 扩展接口电路

74LS373 的锁存信号 LE 作为接口片选信号,可以分时复用方式连接到系统三总线。

连接电路见图 8-5,$\overline{CS}$ 连接译码电路输出 $\overline{Y9}$,端口地址 9000H。端口地址及控制命令见表 8-2。

表 8-2　端口地址及控制命令

$\overline{CS}$	D7	D6	D5	D4	D3	D2	D1	D0	选通
0	0	X	X	X	X	X	0	0	0 通道
0	0	X	X	X	X	X	0	1	1 通道
0	0	X	X	X	X	X	1	0	2 通道
0	0	X	X	X	X	X	1	1	3 通道
0	1	X	X	X	X	X	X	X	禁止

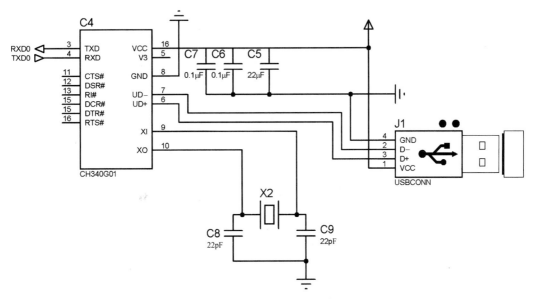

图 8-5　4 路 USB 接口电路

2. 参考程序

功能：AT89C51 通过串口与 4 路 USB 模拟终端进行串行通信。由 AT89C51 选定 1 路模拟终端,模拟终端发送,AT89C51 接收,然后将接收到的字符回送。

```
# include < reg51.h >
# include < absacc.h >
unsigned char ucData;
//端口及控制命令
# define USB4CS XTYBE[0x9000]
void main(void)
{
    // ***** USART 串口初始化 *****
    TMOD& = 0x0F;              //TMOD 高 4 位清零
    TMOD| = 0x20;              //TMOD 的 M1 位置 1,设置成自动装入的 8 位定时器
    //SMOD = 1;
    TH1 = 0xF3;                //设置波特率为 2400b/s,F = 12MHz
    TL1 = 0xF3;
    TR1 = 1;                   //启动定时器 T1,作为串口波特率发生器
    SCON = 0x50;               //10 位异步收发,波特率由定时器控制,允许串口接收
    ES = 0;                    //禁止串口中断
```

```
USB4CS = 00H;                       //选择通道 0
//USB4CS = 01H;                     //选择通道 1
//USB4CS = 02H;                     //选择通道 2
//USB4CS = 03H;                     //选择通道 3
    while(1)
    {
    if(RI == 1)
      {
        ucData = SBUF; RI = 0;      //清除接收标志位
        SBUF = ucData; while(!TI);TI = 0;
      }
    }
}
```

## 第 9 章

IIC 总线扩展

IIC(Inter IC)总线是 Philips 公司推出的芯片间双线、双向、串行、同步传输总线,可以极为方便地实现外围器件扩展。

本章介绍 IIC 总线扩展技术,使单片机具有连接 IIC 总线标准 ROM、RAM、I/O 端口、A/D、D/A、键盘及 LCD/LED 显示等器件的能力。

9.1　IIC 总线规约

1. 基本特性

IIC 总线提供了利用 2 条 I/O 线扩展外围设备的方法,对于 I/O 资源较为紧张的嵌入式系统有较大帮助,其基本特性如下:

(1) 采用两线制(串行同步时钟线 SCL 和串行数据线 SDA),为同步传输总线。

(2) 采用硬件地址方式标识连接到 IIC 总线上的器件。总线上所有器件的数据线 SDA 和时钟线 SCL 同名相连,所有节点由器件引脚给定地址,作为器件在总线上的唯一标识。

(3) IIC 总线接口为开漏或开集电极输出,需接上拉电阻。

(4) 标准 IIC 模式下,数据传输速率为 100kbps,高速模式下数据传输速率为 400kbps。

(5) 支持 IICRAM、EEPROM、A/D、D/A 以及由 I/O、显示驱动器构成的各种模块。

2. 通信规约

采用主从方式进行双向通信。总线由主器件控制,主器件产生串行时钟 SCL,控制传输方向,并产生开始和停止信号。

无论主从器件,在接收 1 字节后,发出一个应答信号 ACK。

数据线 SDA 和时钟线 SCL 为双向传输线。

总线备用时,SDA/SCL 保持高电平。关闭 IIC 总线时,使 SCL 低电平。

IIC 总线传输数据时,在时钟线高电平期间,数据线必须保持稳定的逻辑电平,高电平为数据 1,低电平为数据 0。只有在时钟线为低电平时,才允许数据线上的电平状态发生改变。

3. 基本信号

IIC 规定了严格的数据传输基本信号和控制字节格式,以实现发送器和接收器的联络和数据传输,基本信号时序见图 9-1。

在时钟线保持高电平期间,数据线出现由高到低的变化,作为起始信号 S,启动 IIC 工作。在时钟线保持高电平期间,数据线出现由低到高的变化,作为停止信号 P,终止 IIC 总线的数据传输。

起始信号 S:处于任何其他命令之前。当 SCL 处于高电平时,SDA 从高到低跳变。

停止信号 P:当 SCL 处于高电平时,SDA 从低到高跳变。

应答信号 ACK:在 SCL 高电平期间,拉 SDA 为稳定的低电平。在接收 1 字节后,由接收器产生 ACK,作为应答。

应答信号 $\overline{ACK}$:在 SCL 高电平期间,拉 SDA 为稳定的高电平。

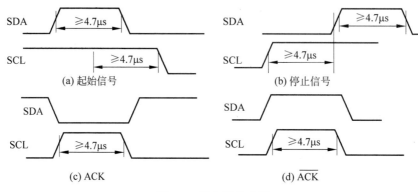

图 9-1　基本信号时序

4. 控制字节

开始信号后,主器件送出一个 8 位的控制字节,选择从器件并控制传输方向。控制字节定义见表 9-1。

表 9-1　IIC 总线控制字节

D7	D6	D5	D4	D3	D2	D1	D0
器件类型标识				芯片地址			读写控制
				A2	A1	A0	R/W

D7～D4:确定从器件类型,由 IIC 规约,1010 为 IIC 总线 EEPROM 标志,1001 为 IIC 总线实时时钟器件标志,0101 为 IIC 总线电位器标志。当 1010 码发送到总线上时,其他非串行 EEPROM 从器件不会响应。

A2～A0:从器件硬件地址。

R/W:读写控制,0—写,1—读。

控制字节:在开始信号后,由主器件发出,从器件应答 ACK。

5. IIC 基本操作信号程序

所有 IIC 总线器件的读写操作,由 IIC 总线标准信号和标准控制字完成,不同类型的器件由控制字中的器件类型标识符区分,1010 为 IIC 总线 EEPROM 标志,1001 为 IIC 总线实时时钟器件标志,0101 为 IIC 总线电位器标志等。相同类型的器件由芯片硬件地址区分。将 IIC 基本信号程序文件 IIC.C 和 IIC.H 包含在工程文件中,即可实现对各类型 IIC 器件的读写操作。

6. IIC 读写操作函数参考程序

程序如下：

```
////IIC.H///
# ifndef __IIC_h__
# define __IIC_h__

extern unsigned char ATbuf;
extern void vDelay(unsigned int uiT);
extern void IICstart(void);
extern void IICstop(void);
extern void Write1Byte(unsigned char Buf1);
extern unsigned char Read1Byte(void);
extern void WriteAT24C02(unsigned char Address,unsigned char Databuf);
extern unsigned ReadAT24C02(unsigned char Address);
# endif
////IIC.C///
# include < AT89X52.h >
# include < Intrins.h >
# include "IIC.h"
sbit SCL = P1^5;                //根据实际接口电路修改
sbit SDA = P1^4;                //根据实际接口电路修改

unsigned char ATbuf;
void vDelay(unsigned int uiT)
{
   while(uiT -- );
}
void IICstart(void)
{
    SDA = 1; SCL = 1;
    _nop_(); _nop_();
    SDA = 0; _nop_(); _nop_();
    SCL = 0;
}

void IICstop(void)
{
    SDA = 0;
    SCL = 1;
    _nop_(); _nop_();
    SDA = 1;
    _nop_(); _nop_();
    SCL = 0;
}

void Write1Byte(unsigned char Buf1)
{
    unsigned char k;
    for(k = 0;k < 8;k++)
```

```c
    {
        if(Buf1&0x80)
        {
            SDA = 1;
        }
        else
        {
            SDA = 0;
        }
        _nop_();
        _nop_();
        SCL = 1;
        Buf1 = Buf1 << 1;
        _nop_();
        SCL = 0;
        _nop_();
    }
    SDA = 1; _nop_();
    SCL = 1; _nop_(); _nop_();
    SCL = 0;
}

unsigned char Read1Byte(void)
{
    unsigned char k;
    unsigned char t = 0;
    for(k = 0;k < 8;k++)
    {
        t = t << 1;
        SDA = 1;
        SCL = 1;
        _nop_(); _nop_();
        if(SDA == 1)
        {
            t = t|0x01;
        }
        else
        {
            t = t&0xfe;
        }
        SCL = 0; _nop_(); _nop_();
    }
    return t;
}

void WriteAT24C02(unsigned char Address,unsigned char Databuf)
{
    IICstart();
    Write1Byte(0xA0);
    Write1Byte(Address);
    Write1Byte(Databuf);
```

```
    IICstop();
}

unsigned ReadAT24C02(unsigned char Address)
{
    unsigned char buf;
    IICstart();
    Write1Byte(0xA0);
    Write1Byte(Address);
    IICstart();
    Write1Byte(0xA1);
    buf = Read1Byte();
    IICstop();
    return(buf);
}
```

7. IIC 总线调试器

Proteus ISIS 提供了一个 IIC 总线调试器,允许用户监测 IIC 接口并与之交互。IIC 调试器原理图见图 9-2。

IIC 总线调试器有 3 个接线端,分别是:

- SDA——双向数据线。
- SCL——时钟线。
- TRIG——触发输入,能引起存储序列被连续放置到输出队列。

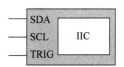

图 9-2 IIC 调试器原理图

在仿真时,IIC 调试器实时显示 IIC 总线信号序列,见图 9-3。

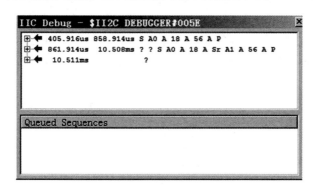

图 9-3 IIC 调试器显示窗口及时序信号序列

序列字符定义:

- S——0 起始信号。
- Sr——重新起始信号,即第二个起始信号。
- P——停止信号。
- N——NACK 信号。
- A——ACK 信号。

所传输的实际地址值和数据将在 IIC 调试器显示窗口显示。

9.2 AT24C02EEPROM

1. 基本特性

AT24CXX 系列 EEPROM 是典型的 IIC 总线接口器件。AT24C01/02/04/08/16 内部含有 128/256/512/1024/2048 字节。

AT24C01 有一个 8 字节页写缓冲器,AT24C02/04/08/16 有一个 16 字节页写缓冲器,器件通过 IIC 总线接口进行操作,有专门的写保护功能。单电源供电(+1.8~+5.5V),硬件写保护,低功耗 CMOS,页面写周期为 2ms。

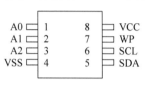

图 9-4　AT24C02 引脚

AT24C02 引脚见图 9-4。

引脚说明如下:

- SCL——串行时钟引脚。
- SDA——串行数据引脚。
- WP——写保护,WP=0,可读可写;WP=1,只读。
- A2~A0——器件地址设定。地址输入端 A2、A1 和 A0 可以实现将最多 8 个 AT24C01 和 AT24C02、4 个 AT24C04、2 个 AT24C08 和 1 个 AT24C16 器件连接到总线上。

SDA 和 SCL 为漏极开路输出,需接上拉电阻,输入引脚内接有滤波器,可有效抑制噪声。

AT24C02 采用 IIC 规约,采用主从双向通信。单片机为主器件,AT24C02 为从器件。

2. 接口电路

3 片 AT24C02 连接 AT89C51 电路及仿真结果见图 9-5。SCL 连接 P1.5,SDA 连接 P1.4。0♯、1♯ 和 2♯ AT24C02 的硬件地址分别为 0x00、0x01 和 0x03。

在 3 片 AT24C02 中循环写入并读出,写入数据显示在 P2 端口的 2 位七段码 LED 显示器(BCD 码输入),读出数据显示在 P3 口连接的 2 位七段码 LED 显示器(BCD 码输入),读写过程将在 IIC 总线调试器输出窗口显示。

3. 参考程序

```c
#include <AT89X51.h>
#include <Intrins.h>
#include "IIC.h"

void main(void)
{
    unsigned char ucD = 0x55,ucRD,i;
    while(1)
    {
    for(i = 0;i < 32;i++)
    {
      ucD = i;
      P2 = ucD;
      MWriteAT24C02(0x00,i,ucD);
      vDelay(100);
      ucRD = MReadAT24C02(0x00,i);
      P3 = ucRD;
```

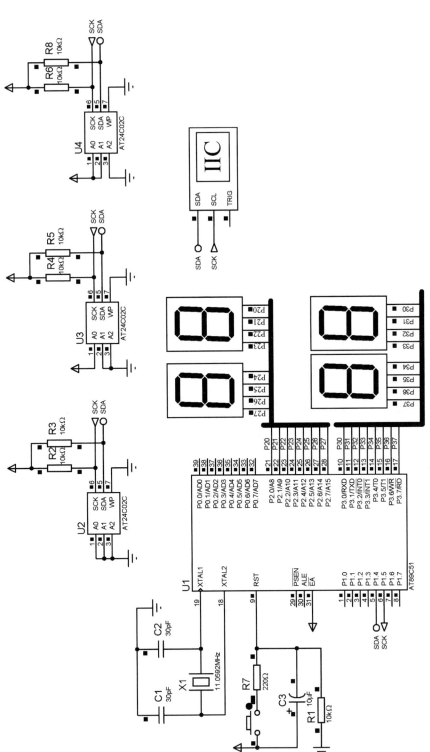

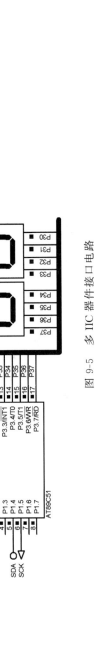

图 9-5 多 IIC 器件接口电路

```
    vDelay(9000);
    }
    for(i = 32;i < 64;i++)
    {
    ucD = i;
    P2 = ucD;
    MWriteAT24C02(0x01,i,ucD);
    vDelay(100);
    ucRD = MReadAT24C02(0x01,i);
    P3 = ucRD;
    vDelay(9000);
    }
    for(i = 64;i < 96;i++)
    {
    ucD = i;
    P2 = ucD;
    MWriteAT24C02(0x03,i,ucD);
    vDelay(100);
    ucRD = MReadAT24C02(0x03,i);
    P3 = ucRD;
    vDelay(9000);
    }
    }
}
```

9.3 PCF8591(ADC/DAC)

1. PCF8591

PCF8591 为 IIC 总线标准的 ADC 和 DAC,有 4 个模拟量输入通道和 1 个模拟量输出通道,引脚定义与功能见图 9-6 和表 9-2。

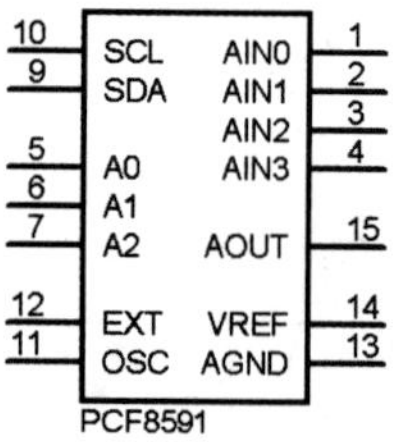

图 9-6 PCF 引脚

表 9-2 PCF8591 引脚功能

引脚号	引脚名	功　能	引脚号	引脚名	功　能
1	AIN0	ADC 模拟输入通道 0	5	A0	
2	AIN1	ADC 模拟输入通道 1	6	A1	器件硬件地址
3	AIN2	ADC 模拟输入通道 2	7	A2	
4	AIN3	ADC 模拟输入通道 3	8	VSS	电源地

续表

引脚号	引脚名	功　能	引脚号	引脚名	功　能
9	SDA	IIC 总线数据 I/O	13	AGND	模拟地
10	SCL	IIC 总线时钟	14	VREF	参考电压输入
11	OSC	晶振 I/O	15	AOUT	DAC 模拟量输出
12	EXT	内/外时钟选择	16	VDD	电源

PCF8591 控制字节与工作方式初始化字节见表 9-3 和表 9-4。IIC 总线标准规定 PCF8591 的器件类型号为 1001。

表 9-3　PCF8591 控制字节

D7	D6	D5	D4	D3	D2	D1	D0
器件类型标识				器件地址			读写控制位
1	0	0	1	A2	A1	A0	R/W

表 9-4　PCF8591 工作方式初始化字节

D7	D6	D5	D4	D3	D2	D1	D0
0	模拟输出允许标志	方式选择模拟输入		0	通道号自动递增	A/D 通道选择	

工作方式初始化控制字为 8 位控制字。

D1D0：A/D 通道选择，00 表示选择 AIN0，01 表示选择 AIN1，10 表示选择 AIN2，11 表示选择 AIN3。

D2：通道号自动递增控制位，当 D2＝1 时，激活通道号自动递增功能，程序从 0 通道开始，自动递增，对 4 个通道进行逐一转换。

D5D4：模拟输入方式选择位，00 表示 4 通道单端输入；01 表示 3 路差分输入，10 表示 2 路单端输入，1 路差分输入；11 表示 2 路差分输入。

D6：模拟输出允许标志，D6＝1，允许输出。

PCF8591ADC 工作方式读时序见图 9-7。

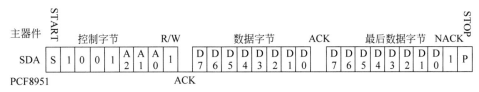

图 9-7　PCF8591ADC 工作方式读时序

主器件发起始位后送出控制字节，器件类型号 1001，A2～A0 为 PCF8591 硬件地址，读写控制位 R/W＝1，为读操作。PCF8591 在接收到控制字节后，发 ACK 应答，然后连续发送数据字节，主器件接收数据字节并以 ACK 信号应答，直至读数据结束。主器件接收最后一个数据字节后发 NACK 作为应答，然后发停止信号 P，读操作结束。

PCF8591DAC 工作方式写时序见图 9-8。

图 9-8　PCF8591DAC 工作方式写时序

主器件发起始位后送出控制字节,器件类型号 1001,A2～A0 为 PCF8591 硬件地址,读写控制位 R/W＝0,为写操作。PCF8591 在接收到控制字节后,发 ACK 应答。主器件根据 PCF8591 工作要求,发送 PCF8591 初始化控制字节,PCF8591 接收并以 ACK 信号应答。主器件连续发送数据字节,PCF8591 以 ACK 应答,直至写数据结束。主器件发送最后一个数据字节后发停止信号 P,写操作结束。

2．接口电路

利用 P1.6 和 P1.7 产生 IIC 总线需要的 SCL 和 SDA 信号,连续读取 PCF8591 四路模拟量输入并在 2 位七段 LED 显示器循环显示,在 AOUT 通道连续输出锯齿波送示波器显示,接口电路见图 9-9。

3．参考程序

```
//PCF8591.H///
#ifndef __PCF8591_H__
#define __PCF8591_H__
extern void IICstart(void);
extern void IICstop(void);
extern void IICNACK();
extern void IICACK();
extern void Write1Byte(unsigned char Buf1);
extern unsigned char Read1Byte(void);
extern void WritePCF8591(unsigned char Databuf);
extern unsigned ReadPCF8591(unsigned char Ch);
#endif
//PCF8591.C///
#include <REG51.h>
#include <Intrins.h>
#include "PCF8591.H"
sbit SCL = P1^7;
sbit SDA = P1^6;
void IICstart(void)
{
    SDA = 1;
    SCL = 1;
    _nop_();
    _nop_();
    SDA = 0;
    _nop_();
```

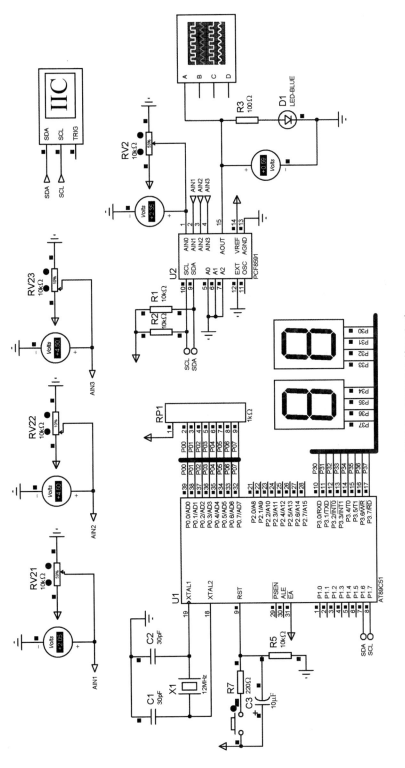

图 9-9 PCF8591 接口电路

```c
        _nop_();
        SCL = 0;
    }

    void IICstop(void)
    {
        SDA = 0;
        SCL = 1;
        _nop_();
        _nop_();
        SDA = 1;
        _nop_();
        _nop_();
        SCL = 0;
    }
    void IICACK()
    {
      SDA = 1;
      _nop_(); _nop_();_nop_(); _nop_();
      SCL = 1;
      _nop_(); _nop_();_nop_(); _nop_();
      SCL = 0;
      _nop_(); _nop_();_nop_(); _nop_();
      SDA = 1;
    }

    void IICNACK()
    {
      SDA = 1;
      _nop_(); _nop_();_nop_(); _nop_();
      SCL = 1;
      _nop_(); _nop_();_nop_(); _nop_();
      SCL = 0;
      _nop_(); _nop_();_nop_(); _nop_();
      SDA = 0;
    }

    void Write1Byte(unsigned char Buf1)
    {
        unsigned char k;
        for(k = 0;k < 8;k++)
        {
            if(Buf1&0x80)
            {
                SDA = 1;
            }
            else
            {
                SDA = 0;
            }
            _nop_();
```

```
        _nop_();
        SCL = 1;
        Buf1 = Buf1 << 1;
        _nop_();
        SCL = 0;
        _nop_();
    }
    SDA = 1;
    _nop_();
    SCL = 1;
    _nop_();
    while(SDA == 1);
    _nop_();
    SCL = 0;
}

unsigned char Read1Byte(void)
{
    unsigned char k;
    unsigned char t = 0;
    for(k = 0;k < 8;k++)
    {
        t = t << 1;
        SDA = 1;
        SCL = 1;
        _nop_();
        _nop_();
        if(SDA == 1)
        {
            t = t|0x01;
        }
        else
        {
            t = t&0xfe;
        }
        SCL = 0;
        _nop_();
        _nop_();
    }
    return t;
}

void WritePCF8591(unsigned char Databuf)
{
    IICstart();
    Write1Byte(0x90);               //1001 A2 A1 A0 R/W
    Write1Byte(0x40);               //操作控制位
    Write1Byte(Databuf);
    IICNACK();
    IICstop();
}
```

```c
unsigned ReadPCF8591(unsigned char Ch)
{
    unsigned char buf;
    IICstart();
    Write1Byte(0x90);              //1001 A2 A1 A0 R/W
    Write1Byte(0x40|Ch);           //操作控制位
    IICstart();
    Write1Byte(0x91);
    buf = Read1Byte();
    IICNACK();
    IICstop();
    return(buf);
}
/////子程序///
# include < REG51.h >
# include < Intrins.h >
# include "PCF8591.H"
void vDelay(unsigned int uiT)
{
  while(uiT -- );
}
void main(void)
{
    unsigned char ucD0,ucD1,ucD2,ucD3,i;
    while(1)
    {
      i = (i + 1) % 256;
      WritePCF8591(i);vDelay(60000);
      ucD0 = ReadPCF8591(0);        //IN0 通道 A/D 转换结果
      P3 = ucD0; vDelay(60000);
      ucD1 = ReadPCF8591(1);
      P3 = ucD1; vDelay(60000);
      ucD2 = ReadPCF8591(2);
      P3 = ucD2; vDelay(60000);
      ucD3 = ReadPCF8591(3);
      P3 = ucD3; vDelay(60000);
    }
}
```

9.4 IIC 时钟 PCF8583

1. PCF8583

PCF8583 为 IIC 总线标准实时时钟芯片,具有日历时钟、12/24 小时格式、可编程定时、中断功能,引脚及功能见图 9-10 和表 9-5。

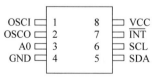

图 9-10 PCF8583 引脚

表 9-5　PCF8583 引脚功能

引脚号	引脚名	功　能	引脚号	引脚名	功　能
1	OSCI	振荡输入	5	$\overline{\text{INT}}$	中断请求,低有效
2	OSCO	振荡输入	6	SCL	IIC 时钟
3	A0	地址	7	SDA	IIC 数据
4	GND	电源地	8	VCC	电源

PCF8583 为标准 IIC 总线器件,按照 IIC 总线通信规约读写。

PCF8583 控制字节如表 9-6 所示。IIC 总线规定 PCF8583 的器件类型标识为 1010。1 位地址位,硬件标识器件地址,R/W＝1 为读操作,R/W＝0 为写操作。

表 9-6　PCF8583 控制字节

D7	D6	D5	D4	D3	D2	D1	D0
器件类型标识				0	0	A0	R/W
1	0	1	0	0	0	地址位	读写控制位

PCF8583 写操作时序见图 9-11。

图 9-11　PCF8583 写操作时序

主器件发送控制字节(如 R/W＝0)和将要访问的 PCF8583 内部寄存器地址,PCF8583 按照 IIC 总线规约,以 ACK 应答,主器件送出数据。主器件以停止信号 P 结束写操作。

PCF8583 读操作时序见图 9-12。

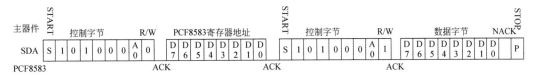

图 9-12　PCF8583 读操作时序

主器件发送控制字节(如 R/W＝0)和将要访问的 PCF8583 内部寄存器地址,PCF8583 按照 IIC 总线规约,以 ACK 应答。主器件接收到从器件的应答 ACK 后,送出第二个开始信号和读操作控制字节(R/W＝1),从器件以 ACK 应答,并送出数据。主器件以 NACK 和停止信号 P 结束读操作。

主器件对 PCF8583 的访问通过读写 PCF8583 内部功能寄存器实现,常用时间控制功能寄存器地址见表 9-7。

表 9-7 PCF8583 常用时间控制寄存器地址

地　　址	寄　存　器	地　　址	寄　存　器
00	控制/状态	01	1/100s
02	秒	03	分
04	时	05	年/日
06	周/月	07	定时器
08	闹钟控制	0FH～FFH	RAM

PCF8583 内部结构及应用可参阅 PCF8583 的详细技术文档。

2. 接口电路

读取 PCF8583 的时间信息,在串行 LCD1602 显示,接口电路见图 9-13。用 IIC 调试器跟踪 IIC 总线操作过程。

3. 参考程序

```
////PCF8583LCD.H//////
# ifndef __PCF8583LCD_H__
# define __PCF8583LCD_H__
extern void IICstart(void);
extern void IICstop(void);
extern void IICNACK();
extern void IICACK();
extern void Write1Byte(unsigned char Buf1);
extern unsigned char Read1Byte(void);
extern void WritePCF8591(unsigned char Databuf);
extern unsigned ReadPCF8591(unsigned char Ch);
extern void WritePCF8583(unsigned char Address,unsigned char Databuf);
extern unsigned ReadPCF8583(unsigned char Address);
# endif
/////////////PCF8583LCD.C/////
# include < REG51.h >
# include < Intrins.h >
# include "PCF8583LCD.H"
sbit SCL = P1^7;
sbit SDA = P1^6;
void IICstart(void)
{
    SDA = 1;
    SCL = 1;
    _nop_();
    _nop_();
    SDA = 0;
    _nop_();
    _nop_();
    SCL = 0;
}

void IICstop(void)
{
    SDA = 0;
```

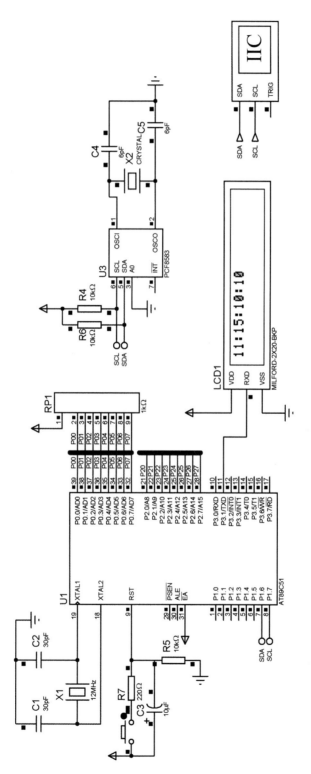

图 9-13 PCF8583 实时时钟接口电路

```
    SCL = 1;
    _nop_();
    _nop_();
    SDA = 1;
    _nop_();
    _nop_();
    SCL = 0;
}

void IICACK()
{
  SDA = 1;
  _nop_(); _nop_();_nop_(); _nop_();
  SCL = 1;
  _nop_(); _nop_();_nop_(); _nop_();
  SCL = 0;
  _nop_(); _nop_();_nop_(); _nop_();
  SDA = 1;
}

void IICNACK()
{
  SDA = 1;
  _nop_(); _nop_();_nop_(); _nop_();
  SCL = 1;
  _nop_(); _nop_();_nop_(); _nop_();
  SCL = 0;
  _nop_(); _nop_();_nop_(); _nop_();
  SDA = 0;
}

void Write1Byte(unsigned char Buf1)
{
    unsigned char k;
    for(k = 0;k < 8;k++)
    {
        if(Buf1&0x80)
        {
            SDA = 1;
        }
        else
        {
            SDA = 0;
        }
        _nop_();
        _nop_();
        SCL = 1;
        Buf1 = Buf1 << 1;
        _nop_();
        SCL = 0;
        _nop_();
```

```
        }
        SDA = 1;
        _nop_();
        SCL = 1;
        _nop_();
        while(SDA == 1);
        _nop_();
        SCL = 0;
}

unsigned char Read1Byte(void)
{
        unsigned char k;
        unsigned char t = 0;
        for(k = 0;k < 8;k++)
        {
            t = t << 1;
            SDA = 1;
            SCL = 1;
            _nop_();
            _nop_();
            if(SDA == 1)
            {
                t = t|0x01;
            }
            else
            {
                t = t&0xfe;
            }
            SCL = 0;
            _nop_();
            _nop_();
        }
        return t;
}

void WritePCF8591(unsigned char Databuf)
{
    IICstart();
    Write1Byte(0x90);            //1001 A2 A1 A0 R/W
    Write1Byte(0x40);            //操作控制位
    Write1Byte(Databuf);
    IICstop();
}

unsigned ReadPCF8591(unsigned char Ch)
{
    unsigned char buf;
    IICstart();
    Write1Byte(0x90);            //1001 A2 A1 A0 R/W
    Write1Byte(0x40|Ch);         //操作控制位
```

```
        IICstart();
        Write1Byte(0x91);
        buf = Read1Byte();
        IICNACK();
        IICstop();
        return(buf);
    }
    void WritePCF8583(unsigned char Address,unsigned char Databuf)
    {
        IICstart();
        Write1Byte(0xA0);                    //发送器件地址和写信号
        Write1Byte(Address);                 //发送地址
        Write1Byte(Databuf);                 //发送数据
        IICstop();                           //产生 IIC 停止信号
    }
    unsigned ReadPCF8583(unsigned char Address)
    {
        unsigned char buf;                   //定义一个寄存器用来暂存读出的数据
        IICstart();                          //IIC 启动信号
        Write1Byte(0xA0);                    //发送器件地址和写信号
        Write1Byte(Address);                 //发送地址
        IICstart();                          //IIC 启动信号
        Write1Byte(0xA1);                    //发送器件地址和读信号
        buf = Read1Byte();                   //读一个字节数据
        IICNACK();
        IICstop();                           //产生 IIC 停止信号
        return(buf);                         //将读出数据返回
    }
    //////LCD1602S.H////
    # include < reg51.h >
    # include < intrins.h >
    # ifndef __LCD1602S_H__
    # define __LCD1602S_H__
    typedef unsigned char uchar;
    typedef unsigned int uint;
    extern void delayms(uint);
    extern void vLCD1602SInit();
    extern void putcLCD(uchar ucD);
    extern uchar GetcLCD();
    extern void vWRLCDCmd(uchar Cmd);
    extern void LCDShowStr(uchar x,uchar y,uchar * Str);
    extern void delayms(uint j);
    # endif
    //////LCD1602S.C////
    # include "reg51.h"
    # include "lcd1602s.h"
    void delayms(uint);
    void putcLCD(uchar ucD)
    {
      SBUF = ucD;
      while(!TI);
```

```
    TI = 0;
}

uchar GetcLCD()
{
    while(!RI);
    RI = 0;
    return SBUF;
}

void vWRLCDCmd(uchar Cmd)
{
    putcLCD(0xfe);
    putcLCD(Cmd);
}

void LCDShowStr(uchar x, uchar y, uchar * Str)
{
    uchar code DDRAM[] = {0x80, 0xc0};
    uchar i;
    vWRLCDCmd(DDRAM[x]|y);
    i = 0;
    while(Str[i]!= '\0')
      {
          putcLCD(Str[i]); i = i++;
          delayms(10);
      }
}

void delayms(uint j)
{
      while (j--);
}

void vLCD1602SInit()
{
    TMOD = 0x20;
    TH1 = 0xFD;
    TL1 = 0xFD;
    SCON = 0x50;
    RI = 0; TI = 0; TR1 = 1;
}
/////////MAIN.C////////////
# include < REG51.h >
# include < Intrins.h >
# include "PCF8583LCD.H"
# include "LCD1602S.H"
# include "stdio.H"

void vDelay(unsigned int uiT)
{
    while(uiT --);
}
void main(void)
```

```
{
    unsigned int ucD0,ucD1,ucD2,ucD3,ucD4,i,ucStr[20];
    uchar ucD,ucT[ ] = {0x0d,0x0a};
    unsigned int x = 100,y = 200;
    vLCD1602SInit();
    delayms(10);
    while(1)
    {
        ucD4 = ReadPCF8583(0x01)&0x7f;        //读 1/100s
        ucD0 = ReadPCF8583(0x02)&0x7f;        //读秒
        ucD1 = ReadPCF8583(0x03)&0x3f;        //读分
        ucD2 = ReadPCF8583(0x04);             //读小时
        ucD3 = ReadPCF8583(0x05)&0x3f;        //读日

        sprintf(ucStr," % 02x: % 02x: % 02x: % 02x",(unsigned int)ucD2,(unsigned int)ucD1,
(unsigned int)ucD0,(unsigned int)ucD4);
        LCDShowStr(0,0,ucStr);
    }
}
```

9.5　IIC 数字电位器 AD5242

1. AD5242

AD5242 为双通道数字电位器,满阻值 $10k\Omega$,其引脚及功能说明见图 9-14 及表 9-8。

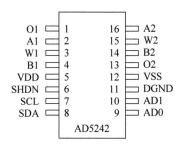

图 9-14　AD5242 引脚

表 9-8　AD5242 引脚功能

引脚号	引脚名	说　明	引脚号	引脚名	说　明
1	O1	逻辑输出端	9	AD0	地址线 0
2	A1	变阻器 1A 端	10	AD1	地址线 1
3	W1	变阻器 1 中间抽头端	11	DGND	数字地
4	B1	变阻器 1B 端	12	VSS	负电源−2.7～0V
5	VDD	电源	13	O2	逻辑输出端
6	SHDN	NC,高	14	B2	变阻器 2B 端
7	SCL	IIC 时钟	15	W2	变阻器 2 中间抽头端
8	SDA	IIC 数据	16	A2	变阻器 2A 端

　　AD5242 为标准 IIC 总线器件,按照 IIC 总线通信规约读写,具体参见 9.1 节的介绍。
　　AD5242 控制字节如表 9-9。IIC 总线规定 AD5242 的器件类型标识为 0101。2 位地址位,硬件标识器件地址,R/W=1 为读操作,R/W=0 为写操作。

表 9-9　AD5242 控制字节

D7	D6	D5	D4	D3	D2	D1	D0
器件类型标识				0	AD1	AD0	R/W
0	1	0	1	0	地址位		读写控制位

AD5242 写操作时序见图 9-15。

图 9-15　AD5242 写操作时序

主器件发送控制字节（如 R/W＝0）和将要访问的 AD5242 内部寄存器地址，AD5242 按照 IIC 总线规约，以 ACK 应答，主器件送出数据。主器件以停止信号 P 结束写操作。

变阻器 1 通道地址为 0x00，变阻器 1 通道地址为 0x80，写入数值，改变变阻器的值。

2. 接口电路

2 路数字电位器接口见图 9-16。

向 AD5242 通道 1 和通道 2 写入数值，连续改变数字电位器阻值，利用电压表读出电压变化。

3. 参考程序

```c
# include < reg51. h >
# include < Intrins. h >
# include "IIC. h"
void vWRAD5242(unsigned char ucRN,unsigned char ucD)
{

    IICstart();
    Write1Byte(0x58);
    Write1Byte(ucRN);                      //0x00,0x80
    Write1Byte(ucD);
    IICstop();
}
void main(void)
{
    unsigned char ucD = 0x55,i;
    while(1)
    {
    for(i = 0;i < 200;i++)
    {
      ucD = i;
      P3 = ucD;
      vWRAD5242(0x00,i);vDelay(9000);
      vWRAD5242(0x80,i * 2);vDelay(9000);

    }
    }
}
```

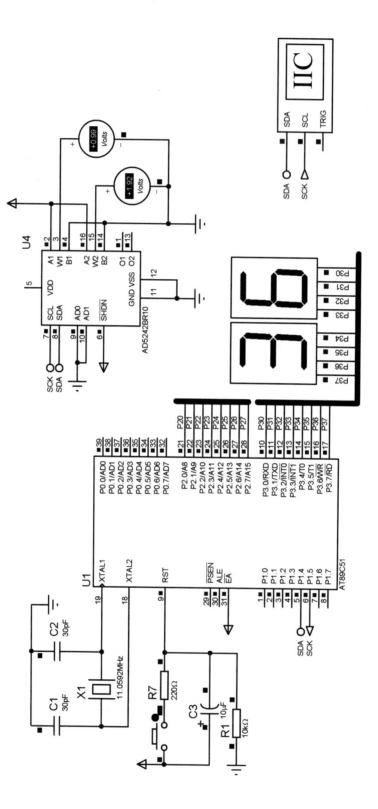

图 9-16 2 路数字电位器接口

## 第 10 章

看门狗接口

本章利用系统片内定时计数器、可编程定时计数器 8253 和 MAX813L 芯片,设计软件及硬件看门狗,以保证系统程序安全运行。

10.1　看门狗的基本原理

看门狗(WatchDog)是一种防止计算机系统程序跑飞所采取的保护措施,其核心是一个可由 CPU 复位的定时器,其定时间隔预先设定,在整个系统运行过程中固定不变。

主系统程序正常运行时,在定时间隔内,主程序刷新看门狗定时器,使定时器不断被初始化,看门狗电路无法达到预设定时间隔,也就无法输出复位信号。当主程序因出现干扰而跑飞时,不能及时刷新看门狗定时器,使看门狗到达预设定时间隔,输出复位信号,强迫系统复位,重启主程序运行。

看门狗功能可由硬件和软件实现,分别称为硬件看门狗和软件看门狗。

10.2　软件看门狗

1. 原理图

利用片内部定时计数器 C/T0 设计软件看门狗接口见图 10-1。

根据主程序运行周期确定看门狗的最大定时周期 WDOGMAX,设置全局变量 uiTimer 作为看门狗定时器,并初始化为 uiTimer＝WDOGMAX。在 C/T0 中断处理程序中设置看门狗定时器减 1 功能,uiTimer＝uiTimer－1,在主程序循环中设置喂狗功能,即 uiTimer＝WDOGMAX。

在主程序正常运行时,由于主程序的喂狗操作,uiTimer 始终大于 0。当主程序跑飞后,由于不能运行喂狗指令,在定时计数器的减 1 操作下,当 uiTimer＝0 时,C/T0 中断处理程序输出复位信号 WDRST(P3.7)＝1,经过或门,使 RST 为高,系统复位。

设置按键 KEY(P3.0)用于主程序故障模拟操作。当 KEY 按下时,主程序不能执行喂狗程序,看门狗定时器 uiTimer 每次 C/T0 中断减 1,直至 uiTimer＝0,输出复位信号 RST,使系统复位。

设置 LED0 为中断处理程序运行指示,LED0 闪烁,看门狗监控程序(C/T0 中断处理程序)在运行。

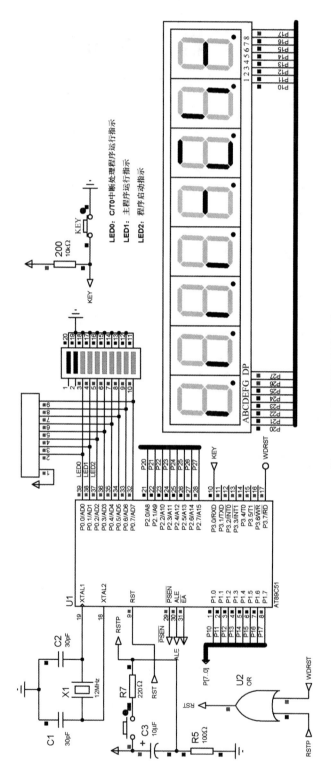

图 10-1 软件看门狗复位电路

设置 LED1 为主程序运行指示，LED1 闪烁，表明主程序在正常运行。

设置 LED2 为主程序启动指示。在主程序启动后，LED2 闪烁，8 位 LED 显示屏高 4 位显示 9999，低 4 位动态显示 4 位加法计数，计数到 999 后，LED2 停止闪烁，进入主程序的主循环。

进入主程序的主循环后，8 位 LED 显示屏高 4 位显示看门狗定时器 uiTimer，LED0 和 LED1 闪烁，指示看门狗监控程序及主程序运行情况。在看门狗监控程序中，uiTimer 执行减 1 操作，并在 8 位 LED 显示屏高 4 位显示。主程序主循环中执行喂狗程序，即 uiTimer＝WDOGMAX。

主程序跑飞时（按下 KEY 按键），主程序不能及时执行喂狗程序，看门狗定时器 uiTimer 不断减小，当 uiTimer＜0 时，看门狗监控程序（C/T0 中断程序）输出复位信号 WDRST（P3.7）＝1，经过或门，使 RST 为高，系统复位，重新启动主程序。

2. 参考程序

```c
#include <reg51.h>
unsigned char code LEDTab[] = {0x3f,0x06,0x5b,0x4f,0x66,0x6d,0x7d,0x07,0x7f};
sbit LED0 = P0^0;
sbit LED1 = P0^1;
sbit LED2 = P0^2;
sbit RST = P3^7;
sbit KEY = P3^0;

unsigned int uiT;
#define WDOGMAX 1000
void vDelay(unsigned int uiTT)
{
    while( -- uiTT);
}

void vDispLED8(unsigned int uiT, unsigned int uiD)
{
    unsigned char ucLED[8], i, ucD = 0x01;
    ucLED[3] = uiT % 10;
    ucLED[2] = (uiT/10) % 10;
    ucLED[1] = (uiT/100) % 10;
    ucLED[0] = (uiT/1000) % 10;

    ucLED[7] = 0;uiD % 10;
    ucLED[6] = (uiD/10) % 10;
    ucLED[5] = (uiD/100) % 10;
    ucLED[4] = (uiD/1000) % 10;

    for(i = 0; i < 8; i++)
    {
        P1 = 0x00;
        P2 = ~LEDTab[ucLED[i]];
        P1 = ucD << i;
        vDelay(200);
    }
```

```c
    }
    void Timer0Int() interrupt 1 using 2
    {
        static unsigned char i = 0, ucD = 0x01;
        unsigned char ucLED[8];
        uiT = (uiT - 1) % 1000;
        ucLED[3] = uiT % 10;
        ucLED[2] = (uiT/10) % 10;
        ucLED[1] = (uiT/100) % 10;
        ucLED[0] = (uiT/1000) % 10;

        for(i = 0; i < 4; i++)
        {
            P1 = 0x00;
            P2 = ~LEDTab[ucLED[i]];
            P1 = ucD << i;
            vDelay(1500);
        }
        if(uiT < 100)
            RST = 1;
        else
            RST = 0;
        LED0 = ~LED0;
        TH0 = (65536 - 1000)/256;
        TL0 = (65536 - 1000) % 256;
    }
    void main()
    {
        unsigned int i;
        for(i = 0; i < 1000; i++)          //启动
        {
            LED2 = ~LED2;
            vDispLED8(9999, i);
            vDelay(1000);
        }
        TMOD = 0x01;
        TH0 = (65536 - 600)/256;
        TL0 = (65536 - 600) % 256;
        EA = 1; ET0 = 1; TR0 = 1;
        uiT = WDOGMAX;
        while(1)
        {
            LED1 = ~LED1;
            uiT = WDOGMAX;
            while(KEY == 0);
            vDelay(30000);
        }
    }
```

10.3 用定时器 8253 设计看门狗

可编程通用定时计数器不占用 CPU 资源,定时准确,不受主机频率和主程序运行影响,在应用系统设计中用于定时、延时、周期采样与控制等。Intel 8253/8254 为常用定时计数器件,8254 是 8253 的改进型,引脚、控制信号相互兼容。

8253/8254 有 3 个独立的 16 位定时计数通道,每个通道有 6 种工作方式,可按二进制或十进制(BCD 码)计数。

1. 可编程定时计数器 8253

8253 为可编程定时计数器,24 脚 DIP 封装及引脚见图 10-2。

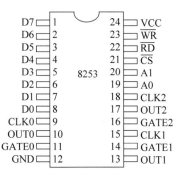

图 10-2 8253 引脚及封装

D7~D0:8 位三态双向输入/输出数据线,与数据总线连接,实现状态/控制命令、计数初值和当前计数值的读写。

$\overline{CS}$:输入,片选信号,低电平有效。

A1、A0:片内端口选择线,连接系统地址总线 A1A0,选择定时计数通道 0、1、2 和控制端口。

$\overline{RD}$:读控制信号,输入,低电平有效,连接系统 $\overline{RD}$。

$\overline{WR}$:写控制信号,输入,低电平有效,连接系统 $\overline{WR}$。

CLK0~CLK2:时钟输入信号,在计数过程中,此引脚上每输入一个时钟信号(下降沿),计数器的计数值减 1。

GATE0~GATE2:门控输入信号,控制计数器开始或停止。

OUT0~OUT2:计数通道定时计数到输出信号,当一次计数过程结束(计数值减为 0),OUT 引脚上将产生一个输出信号。

利用 A1 和 A0 实现 8253/8254 片内定时计数通道和控制寄存器寻址,内部端口编址见表 10-1。

表 10-1 8253/8254 内部端口编址

$\overline{CS}$	A1A0	说　明	$\overline{CS}$	A1A0	说　明
0	00	定时计数通道 0	0	10	定时计数通道 2
0	01	定时计数通道 1	0	11	控制端口

2. 方式控制字

8253/8254 方式控制字定义见图 10-3。

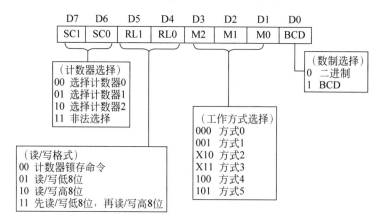

图 10-3 8253 方式控制字

- SC1、SC0(D7D6)：选择定时计数通道。
- RL1、RL0(D5D4)：计数初值寄存器和当前计数器器读写控制。
- M2、M1、M0(D3~D1)：工作方式选择。
- BCD(D0)：码制选择。

3. 接口电路

利用 8253 定时通道 0 和通道 2 级联实现看门硬件狗功能，接口电路见图 10-4。

通道 0 定时计数到输出 OUT0 连接通道 2 的定时计数脉冲输入 CLK2，通道 2 定时计数到输出 OUT2，经过或门 U5，使 RST 为高，系统复位。

根据主程序运行周期确定定义看门狗最大定时周期，设置通道 0 和通道 2 的定时时间，通道 0 和通道 2 级联，有较长时间的定时，可满足不同复杂程度的主程序主循环体的运行需求。通道 0 和通道 2 设定为工作方式 3，在主程序中设置喂狗功能，即重新初始化通道 2 的定时计数初值。

在主程序正常运行时，由于主程序的喂狗操作，通道 2 始终无法输出定时计数到信号。当主程序跑飞后，由于不能执行喂狗操作，通道 2 定时计数到，输出复位信号 OUT2＝1，经过或门，使 RST 为高，系统复位。

设置按键 KEY(P1.7)作为主程序故障模拟操作。当按下 KEY 按键时，主程序不能执行喂狗操作，通道 2 定时计数到，输出复位信号 RST，使系统复位。

主程序主循环体运行时，LCD 显示器显示 MAIN PROGRAMMING 和动态计数值，表明主程序在正常运行。

在主程序启动后，LCD 显示器显示 RsStart 和 100 倒计时，计数到 0，进入主程序的主循环。

进入主程序主循环后，LCD 显示器显示 MAIN PROGRAMMING 和动态计数值。主程序跑飞时(按下 KEY 按键)，主程序停止计数显示，也不能执行喂狗操作，看门狗监控程序(8253 通道 0 和通道 1)输出复位信号 OUT2＝1，经过或门，使 RST 为高，系统复位，重新启动主程序。

串行 LCD1602 显示，参见 7.6 节。

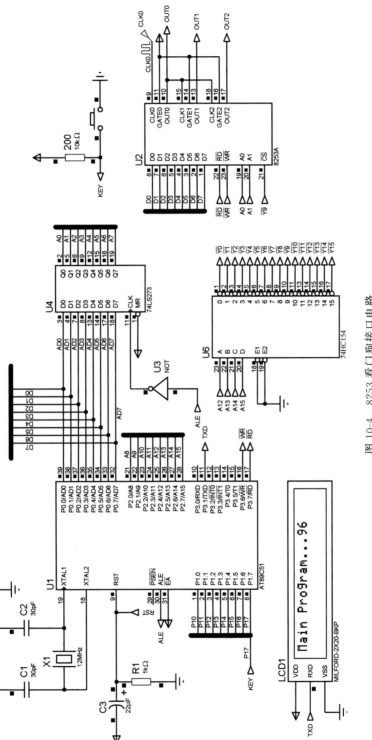

图 10-4 8253 看门狗接口电路

4. 参考程序

```c
# include "reg51.h"
# include "absacc.h"
# include "lcd1602s.h"
# include "stdio.h"
sbit KEY = P1^7;                        //按下 KEY 按键,模拟主程序跑飞
# define T82530 XBYTE[0x9000]           //8253 内部端口定义,通道 0
# define T82531 XBYTE[0x9001]           //通道 1
# define T82532 XBYTE[0x9002]           //通道 2
# define T8253C XBYTE[0x9003]           //控制口
void vInit8253()
{
  T8253C = 0x36;                        //T0,方式 3
  T82530 = 0xFF;T82530 = 0xFF;          //通道 0 定时
  T8253C = 0x76;                        //T1,方式 3
  T82531 = 0x02;T82531 = 0x00;          //通道 1 定时,未用
  T8253C = 0xb6;                        //T2,方式 3
  T82532 = 0xA0;T82532 = 0x00;          //通道 2 定时
}
void vFeedDog()
{
  T8253C = 0xb6;                        //T2,方式 3
  T82532 = 0xA0;T82532 = 0x00;          //通道 2 初值
}
void main(void)
{
    unsigned char ucD,ucT[] = {0x0d,0x0a};
    unsigned int i;
    uchar ucStr[20];
    vLCD1602SInit();                    //串行 LCD 显示
    for(i = 10;i > 0;i-- )
     {
        sprintf(ucStr," -- ReStart... % d",i);
        LCDShowStr(0,0,ucStr); delayms(9000);
     }
    vInit8253();
    while(1)
    {
       i = (i + 1) % 256;
       sprintf(ucStr,"Main Program... % d",i);
       LCDShowStr(0,0,ucStr); delayms(9000);
       vFeedDog();
       while(KEY == 0);
    }
 }
```

10.4 MAX813L

常用的集成硬件看门狗芯片包括 MAX705/708、MAX791、MAX813L、X5043/5045 等。

1．基本特性

MAX813L 基本功能包括：

（1）具有独立的 1.6s 固定时间设定，1.6s 定时到会输出复位信号。

（2）具有掉电和低电压监测功能，电压低于 1.25V 时，产生掉电输出信号。

（3）具有上电复位功能，上电时自动产生 200ms 的复位脉冲。

（4）具有人工复位功能，当人工复位端输入低电平时，产生复位输出信号。

2．引脚定义及功能

MAX813L 引脚见图 10-5。

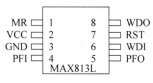

图 10-5　MAX813L 引脚

引脚及功能：

- MR——手工复位端。当该引脚输入 140ms 低电平时，RST 端输出 200ms 脉冲复位信号。
- PFI——低电压检测输入端。该引脚输入电压低于 1.25V 时，电源故障输出端 PFO 输出信号由高电平变为低电平。
- PFO——电源故障输出端。当 PFI 引脚电压高于 1.25V 时，PFO 保持高电平；当 PFI 引脚电压低于 1.25V 时，PFO 输出低电平。
- WDI——喂狗信号输入端。程序正常运行情况下，必须在 1.6s 时间间隔内向该端送高电平信号 1 次；若超过 1.6s 该引脚未接收到信号，则输出 WDO 信号。
- RST——复位信号输出。上电时，产生 200ms 复位脉冲；手工复位端 MR 输入低电平时，该端产生复位信号。
- WDO——看门狗信号输出端。正常工作时，输出保持高电平；看门狗输出时，输出信号由高电平变为低电平。

3．看门狗复位电路

利用 MAX813L 实现看门狗、电源监控、上电复位及按键复位电路见图 10-6。74LS08为 2 输入与门，R1 为可变电阻。

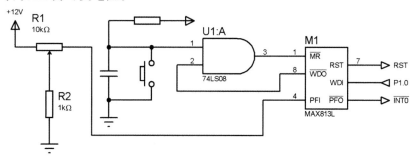

图 10-6　看门狗原理电路

看门狗输出信号 WDO 经过与门 74LS08,直接加在 MAX813L 的复位端 MR,使 MAX813L 复位,从而使 MAX813L 复位脚 RST 产生 200ms 脉冲。

电源监控:电阻 R1 和 R2 组成分压,调节 R1 阻值,使当电源正常时,PFI 端电压大于 1.26V。当电源故障或电压偏低时,PFI 端电压小于 1.26V,使电源故障输出端 PFO 由高电平变为低电平,触发外部中断 INT0,提出中断申请,在中断服务程序中,执行存储数据、切断相关外设电源等保护措施。

该电路同时具有上电复位和按键复位功能。

PFO 可连接在系统任一外部中断请求端,在主程序中,需将该中断优先权设为最高,选择边沿触发方式。

## 第 11 章

模拟量输入接口

A/D 转换器(ADC)是把模拟量转换为 N 位二进制数字量的线性器件,是数字系统输入通道中的重要环节,由采样、保持、量化和编码等部分组成。

11.1 ADC 接口设计关键问题

1. 通道选择

对具有多路模拟量输入通道的 ADC,采用分时复用方式进行模拟量到数字量的转换,并通过分时复用系统数据总线,将数字量传输给 CPU。ADC 接口需具有端口选择线,实现多通道分时选通。

2. 启动信号

来自 CPU 的控制信号,启动 ADC 开始转换。ADC 要求的启动信号一般有两种形式:电平启动信号和脉冲启动信号。有些 A/D 转换芯片要求用电平作为启动信号,整个转换过程中都必须保证启动信号有效,如果中途撤走启动信号,就会停止转换而得到错误结果。为此,CPU 一般要通过并行接口来向 ADC 发送启动信号,或者用 D 触发器使启动信号在A/D 转换期间保持为有效电平。

3. 转换结束信号

当转换结束 ADC 产生此信号,作为转换结束标志供 CPU 查询,或作为中断请求信号,通知 CPU 取数据。

4. 数据读取

转换结束后,CPU 以查询或中断方式,将数据读入内存。

8 位数据总线与多于 8 位的 ADC 数据位(10 位、12 位、14 位、16 位)的连接。系统数据总线一般为 8 位,而 ADC 可以是 8 位、10 位、12 位、14 位或 16 位。当 ADC 的分辨率高于系统数据总线宽度时,则 CPU 需要读 2 次。

11.2 ADC0809(分辨率:8 位)

1. 基本特性

ADC0809 是 CMOS 工艺的 8 位逐次逼近方式 ADC,数字量输出带三态锁存,可直接和数据总线连接。其基本特性如下:

- 8 位分辨率。
- 转换时间：$100\mu s$。
- 片内具有 8 路带锁存控制选择开关。
- 输出具有三态缓冲控制。
- 单一 5V 供电，模拟量输入范围为 0～5V。
- 输出与 TTL 兼容。

模拟输入部分有 8 路多路开关，由 3 位地址输入 ADDA、ADDB、ADDC 的不同组合来选择。采用逐次逼近式 A/D 转换电路，由 CLK 信号控制内部电路的工作，由 START 信号控制转换开始。转换后的数字信号在内部锁存，通过三态缓冲器接至输出端。

2. 引脚定义及功能

ADC0809 封装及引脚见图 11-1。

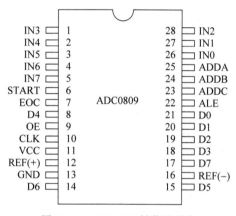

图 11-1 ADC0809 封装及引脚

- IN7～IN0：8 路模拟量输入。
- START：启动转换，脉冲启动。
- EOC：转换结束，高电平有效。
- CLOCK：外部时钟脉冲输入。
- ALE：通道地址锁存。
- ADDA/ADDB/ADDC：通道选择地址线。
- OE：输出使能。
- VREF($+$)/VREF($-$)：参考电压输入。
- VCC/GND：电源/地。

START 为启动命令，高电平有效，启动 ADC0809 内部的 A/D 转换过程。当转换完成时，输出信号 EOC 有效。OE 为输出允许信号，高电平有效。

3. 接口电路

ADC0809 接口电路见图 11-2。$\overline{CS}$ 连接系统片选信号 $\overline{Y10}$，ADDC、ADDB、ADDA 连接系统地址总线的 A2～A0，ADC0809 通道地址编码见表 11-1。

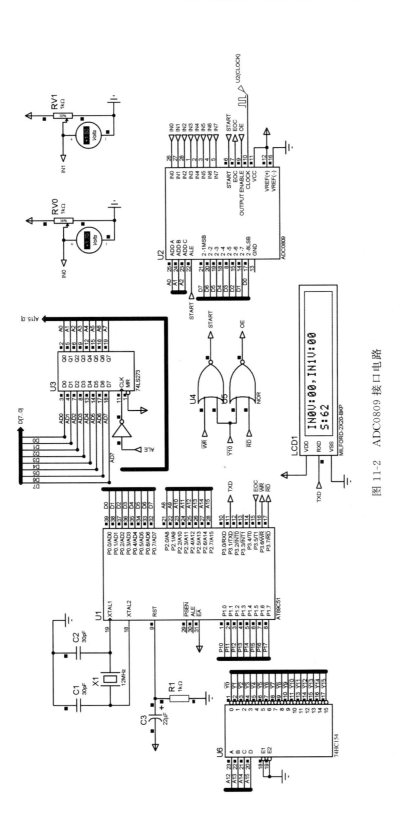

图 11-2 ADC0809 接口电路

表 11-1　ADC0809 通道地址

$\overline{CS}(\overline{Y10})$	A15～A12	A2	A1	A0	通 道 地 址
0	1010	0	0	0	IN0：A000H
		0	0	1	IN1：A001H
		0	1	0	IN2：A002H
		0	1	1	IN3：A003H
		1	0	0	IN4：A004H
		1	0	1	IN5：A005H
		1	1	0	IN6：A006H
		1	1	1	IN7：A007H

　　ADC0809 的启动信号 START 由片选信号 $\overline{CS}$ 与写信号 $\overline{WR}$ 的或非逻辑产生,由一条向 ADC0809 的写操作指令来实现。ALE 与 START 相连,按地址通道选择线 A2～A0 接通模拟量并启动转换。输出信号 OE 由读信号 $\overline{RD}$ 与 $\overline{CS}$ 信号的或非逻辑产生,由一条对 ADC 的读操作指令使数据输出。

4. 参考程序

　　从 ADC0809 的通道按顺序采集 2 个数据,用串行 LCD1602 显示,串行 LCD1602 接口及程序设计参见 7.6 节。

```c
# include "reg51.h"
# include "absacc.h"
# include "lcd1602s.h"
# include "stdio.h"
sbit EOC = P3^5;
# define IN0 XBYTE[0x0A000]

void vADC0809(unsigned char idata * ucData)
{
  unsigned char i;
  unsigned char xdata * ucADC;
  ucADC = &IN0;
  for(i = 0;i < 2;i++)
  {
    * ucADC = 0;                        //启动转换
    while(EOC == 0);
    ucData[i] = * ucADC;
    ucADC++;
  }
}

void main(void)
 {
   unsigned char ucD,ucT[2];
   unsigned int i;
   uchar ucStr[20];
```

```
vLCD1602SInit();
while(1)
  {
    vADC0809(ucT);
    sprintf(ucStr,"IN0V: % 02x,IN1V: % 02x",ucT[0],ucT[1]);
    LCDShowStr(0,0,ucStr); delayms(90000);
  }
}
```

11.3　AD574（分辨率：12位）

1. 基本特性

AD574 是快速 12 位逐次逼近型 ADC,无须外接器件即可独立实现 A/D 转换,转换时间 $15\sim35\mu s$,可以并行输出 12 位,也可以分为 8 位和 4 位两次输出。AD574 由 12 位 D/A 芯片 AD565、逐次逼近寄存器和三态缓冲器构成。

2. 引脚及功能

AD574 封装及引脚见图 11-3。

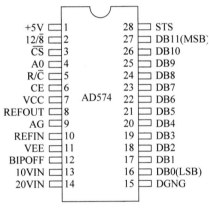

图 11-3　AD574 引脚

$12/\overline{8}$：数据模式选择端,可选择数据线 12 位或 8 位输出。

$\overline{CS}$：片选。

A0：字节地址短周期控制端。A0＝0 期间输出高 8 位,A0＝1 期间输出低 8 位。在启动时,A0＝0,做 12 位转换；A0＝1,做 8 位转换。

$R/\overline{C}$：读或转换启动控制端。$R/\overline{C}$＝1,读选通；$R/\overline{C}$＝0,启动转换。

CE：使能端。

REFOUT：基准电源电压输出端。

AG：模拟地端。

REFIN：基准电源电压输入端。

10VIN：10V 量程模拟电压输入端。

20VIN：20V 量程模拟电压输入端。

DGND：数字地端。

DB0～DB11：12条数据总线,输出 A/D 转换数据。

STS：工作状态指示信号端,当 STS＝1 时,表示转换器正处于转换状态；当 STS＝0 时,表示 A/D 转换结束。控制命令见表 11-2。

表 11-2 AD574 控制命令

CE	$\overline{CS}$	R/$\overline{C}$	12/$\overline{8}$	A0	工 作 状 态
0	X	X	X	X	禁止
X	1	X	X	X	禁止
1	0	0	X	0	启动 12 位转换
1	0	0	X	1	启动 8 位转换
1	0	1	VCC	X	12 位并行输出有效
1	0	1	GND	0	高 8 位数并行输出有效
1	0	1	GND	1	低 4 位

AD574 为单通道模拟量输入,输入范围包括：0～10V、0～20V、－5～＋5V、－10～＋10V。

3. 接口电路

AD574 接口电路见图 11-4。AD574 数据输出带三态控制,可以直接连接在数据总线。$\overline{CS}$ 连接系统片选信号 $\overline{Y11}$,R/$\overline{C}$、A0 引脚连接系统地址总线 A0、A1。12/$\overline{8}$ 脚接地,12 位分 2 次读,P10 做忙状态检测位。

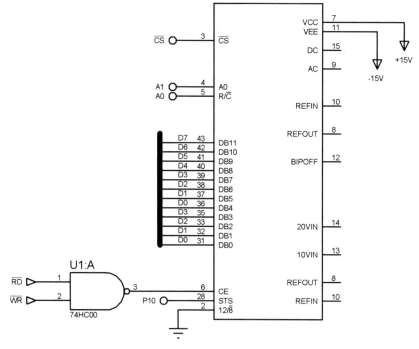

图 11-4 AD574 接口电路

端口地址及控制命令见表 11-3。

表 11-3 端口地址及控制命令

$\overline{CS}$	A15～A12	A0	$R/\overline{C}$	工 作 状 态
$\overline{Y11}$	1011	A1	A0	与系统总线连接
0	1011	0	0	B000H：启动 12 位转换
		0	1	B001H：高 8 位并行输出
		1	1	B003H：低 4 位并行输出

端口地址及控制命令定义：

```
#define START XBYTE[B000H]        //启动 12 位转换
#define ADH   XBYTE[B001H]        //高 8 位并行输出
#define ADL   XBYTE[B003H]        //低 4 位并行输出
sbit ADCBusy = P1^0;
```

4. 参考程序

```
#include < reg51.h >
#include < absacc.>
#define START XBYTE[B000H]        //启动 12 位转换
#define ADH XBYTE[B001H]          //高 8 位并行输出
#define ADL XBYTE[B003H]          //低 4 位并行输出
sbit ADCBusy = P1^0;              //EOC
unsigned int AD574()
{
  unsigned int uiData;
  START = 0x00;                   //启动转换
  while(ADCBusy);                 //ADCBusy = 0,转换结束
  uiData = (unsigned int )(ADH << 4);   //读高 8 位,并左移 4 位
  uiData = uiData|(ADL&0x0f);     //读低 4 位,合并成 12 位数据
  return uiData;
}
//主程序
void main()
{
  unsigned int uiData;
  uiData = AD574();               //启动 AD574,得到转换数据
}
```

11.4 串行 ADC LTC1864

1. LTC1864

LTC1864 为单通道串行 ADC 芯片,16 位精度,+5V 电源,引脚及功能见图 11-5 和表 11-4。

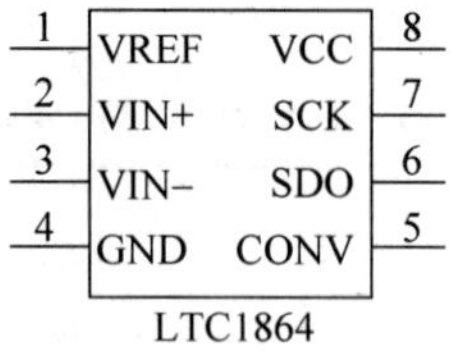

```
┌─────────────┐
1 │ VREF    VCC │ 8
2 │ VIN+    SCK │ 7
3 │ VIN−    SDO │ 6
4 │ GND    CONV │ 5
└─────────────┘
    LTC1864
```

图 11-5 LTC1864 引脚

表 11-4 LTC1864 部分引脚及功能

引脚号	引脚名	说　　明	引脚号	引脚名	说　　明
1	VREF	参考电压	5	CONV	转换控制/输出使能
2	VIN+	差分输入＋	6	SDO	串行数据输出
3	VIN−	差分输入−	7	SCK	串行时钟

CONV＝1,启动 A/D 转换；CONV＝0,使能 SDO 串行移位输出。

2. 接口电路

CONV 引脚连接 P1.2,CONV＝1,启动 A/D 转换。CONV＝0,使能 SDO 串行移位输出。SCK 连接 P1.1,模拟产生串行移位脉冲。SDA 连接 P1.0,在移位脉冲驱动下,输出 16 位串行数据,见图 11-6。

利用滑动电阻器 RV0 调节输入电压,读入结果在串行 LCD1602 显示。串行 LCD1602 接口及编程参见 7.6 节。

3. 参考程序

```c
# include "reg51.h"
# include "absacc.h"
# include "lcd1602s.h"
# include "stdio.h"

# define uc8 unsigned char
# define ui16 unsigned int

sbit SDO = P1^0;
sbit SCK = P1^1;
sbit CONV = P1^2;

ui16 uiReadLTC1864()
{
  uc8 i;
  ui16 uiDa = 0x00;
  SCK = 1;
  CONV = 0;CONV = 1;
  _nop_();_nop_();_nop_();_nop_();
  CONV = 0;
  for(i = 0;i < 16;i++)
   {
     SCK = 0;_nop_();SCK = 1;
     uiDa = (uiDa << 1)|SDO;
   }
```

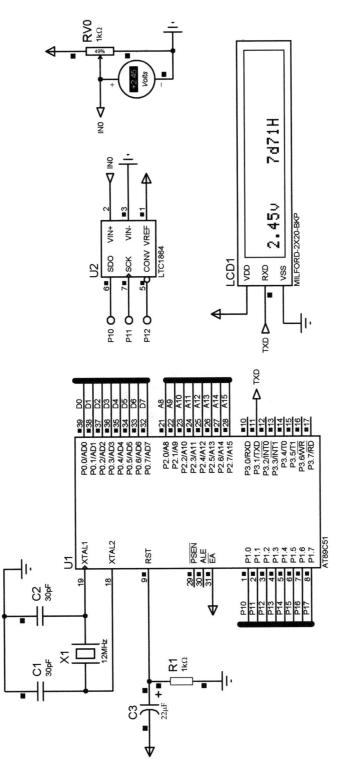

图 11-6　串行 ADCLTC1864 接口电路

```
    SCK = 0;
    return uiDa;
}
# if 1
void main(void)
{
    unsigned char ucD,ucT[2];
    unsigned int i,j;
    uchar ucStr[20];
    vLCD1602SInit();
    while(1)
     {
        i = uiReadLTC1864();
        sprintf(ucStr," % 4.2fv        % xH",i * 5.0/65536.0,i);
        LCDShowStr(1,0,ucStr);
        delayms(90000);
     }
 }
# endif
```

## 第 12 章

多路模拟量同步输出接口

DAC(Digital-to-Analog Converter)是把 N 位二进制数字信号转换为模拟量的线性电路器件,是数字系统输出通道中的重要环节。DAC 由译码网络、模拟开关、求和运算放大器和基准电压 4 部分组成。根据译码网络不同,DAC 分为权电阻型、T 形电阻网络型和权电流型 3 类。

12.1 DAC 连接特性

连接特性描述 DAC 和 CPU 连接的能力和特点,是 DAC 选型及其接口设计的重要依据。

1. 输入缓冲能力

输入缓冲能力是指 DAC 是否带有三态缓冲器或锁存器来保存输入数字量。只有带有三态锁存器的 DAC,其数据线才能和系统的数据总线直接相连,否则在接口设计时需要外加三态缓冲器。

2. 输入数据宽度(分辨率)

DAC 有 8 位、10 位、12 位、14 位、16 位等,决定 DAC 的转换精度。当 DAC 分辨率高于系统数据总线宽度时,需分 2 次输入数字量。

3. 输入码制

DAC 可接收不同码制的数字量输入,包括二进制、BCD 码等。

4. 模拟量输出类型

根据 DAC 输出模拟量是电流或电压,将 DAC 分为电流型或电压型 DAC。若需要将电流型输出转化为电压型输出,采用运算放大器进行转换。

5. 输出模拟量极性

根据 DAC 输出模拟量极性,DAC 分为单极性 DAC 和双极性 DAC。

12.2 DAC0832

1. 基本特性

DAC0832 为 8 位电流型 D/A 转换器,具有如下特性:

(1)片内两级数据锁存,可编程实现双缓冲、单缓冲和直通 3 种数字量输入方式。

（2）8 位并行数字量输入，TTL 兼容，与所有微处理器可直接连接。

（3）低功耗 20mW，单电源＋5～＋15V 供电。

2. 引脚

DAC0832 引脚见图 12-1。

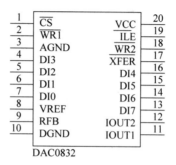

图 12-1　DAC0832 引脚

引脚说明：

- DI0～DI7——8 位数字输入，TTL 电平，可与系统数据总线直接连接。
- ILE——输入寄存器允许信号，高电平有效。
- $\overline{CS}$——片选信号，低电平有效。
- $\overline{WR1}$——写信号 1，低电平有效，输入寄存器写信号。
- $\overline{WR2}$——写信号 2，低电平有效，DAC 寄存器写信号，启动转换。
- $\overline{XFER}$——数据传送控制信号，低电平有效。当 $\overline{WR2}$ 与 $\overline{XFER}$ 同时有效时，输入寄存器数据被装入 DAC 寄存器。
- VCC——芯片电源，＋5～＋15V。
- AGND——模拟信号地。
- DGND——数字信号地。
- VREF——基准电压输入，可在－10～＋10V 之间选定。
- RFB——反馈信号输入端。
- IOUT1——DAC 的输出电流 1，当输入数字全为 1 时，达到最大值。全为 0 时，达到最小值。
- IOUT2——DAC 的输出电流 2。它与 IOUT1 有如下的关系：IOUT1＋IOUT2＝常数。

3. 工作方式

DAC0832 有两级锁存器：第一级为 8 位输入寄存器，用 ILE、$\overline{CS}$ 和 $\overline{WR1}$ 控制；第二级为 8 位 DAC 寄存器，用 $\overline{WR2}$ 和 $\overline{XFER}$ 控制。利用两级缓冲器的不同控制，可实现直通、单缓冲和双缓冲工作方式。

1）直通方式

ILE=1 & $\overline{CS}$=0 & $\overline{WR1}$=0 & $\overline{WR2}$=0 & $\overline{XFER}$=0，5 个控制端均始终有效，则写入数字量时，直接启动 D/A 转换。

2）单缓冲方式

8位输入寄存器和8位DAC寄存器中任意一个处于直通方式,另一个处于受控方式。

3）双缓冲方式

两级锁存器均处于受控方式,单独控制,实现双缓冲。

4. 单缓冲工作方式接口

1）接口电路

利用8255A设计DAC0832单缓冲方式接口电路见图12-2。DAC0832的 $\overline{\text{WR1}}$ 与 $\overline{\text{WR2}}$ 连接系统控制总线信号 $\overline{\text{WR}}$,XFER与DAC0832片选信号 $\overline{\text{CS}}$ 连接在一起,由来自8255A的PC7控制,ILE接高电平,将DAC0832输入寄存器和DAC寄存器同时由 $\overline{\text{WR}}$ 和 $\overline{\text{Y12}}$ 控制,两个寄存器同时选通,同时截止,实现单缓冲工作方式。

8255A片选信号 $\overline{\text{CS}}$ 连接系统片选信号 $\overline{\text{Y12}}$,8255A端口选择地址线A1A0连接系统地址总线的A1A0,端口地址与控制命令见表12-1。

表 12-1　端口地址与控制命令

$\overline{\text{CS}}$ $\overline{\text{Y12}}$	A15～A12 1100	A1A0	端 口 地 址
		00	C000H:端口A
0	1100	01	C001H:端口B
		10	C002H:端口C
		11	C003H:控制端口

循环输出三角波、锯齿波和梯形波,用电压表和示波器观察输出。输出数字量在2位1段码显示器显示。

2）参考程序

```
# include "reg51.h"
# include < absacc.h >
# define uchar unsigned char
# define uint unsigned int

# define P1A8255 XBYTE[0xC000]        //Y12
# define P1B8255 XBYTE[0xC001]
# define P1C8255 XBYTE[0xC002]
# define P1COM8255 XBYTE[0xC003]

void vDelay(unsigned int uiT )
{
  while(uiT -- ) ;
}

void vWRDAC0832()
{
  unsigned char i;
//  P1COM8255 = 0x0e;
  for( i = 0;i < 255;i++)              //输出锯齿波
  {
```

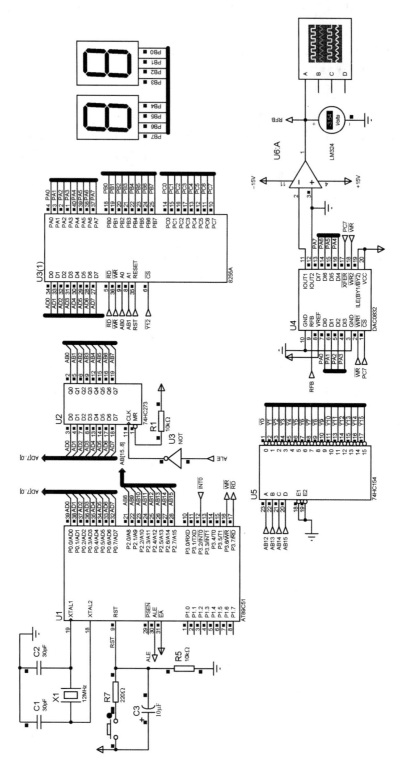

图 12-2 单缓冲方式接口电路

```
     P1A8255 = i; P1B8255 = i;
     vDelay(10);
   }
   for(i = 0;i < 255;i++)                    //输出三角波
   {
     P1A8255 = i; P1B8255 = i;
     vDelay(10);
   }
   for(i = 255;i > 0;i-- )
   {
     P1A8255 = i; P1B8255 = i;
     vDelay(10);
   }
for(i = 0;i < 255;i++)                       //输出梯形波
   {
     P1A8255 = i; P1B8255 = i;
     vDelay(10);
   }
for(i = 0;i < 255;i++)
   {
     P1A8255 = 255; P1B8255 = 255;
     vDelay(10);
   }
   for(i = 255;i > 0;i-- )
   {
     P1A8255 = i; P1B8255 = i;
     vDelay(10);
   }

}

void delayms(uint j)
{
     while (j-- );
}

void main()
{
   P1COM8255 = 0x80;          //初始化 8255A 端口 A、B、C 工作方式 0,输出
   while(1)
   {
   vWRDAC0832();
   }
}
```

5. 双缓冲工作方式接口

1）接口电路

将 DAC0832 输入寄存器锁存信号和 DAC 寄存器锁存信号分开单独控制,即形成双缓冲工作方式,适用于多个模拟量需要同步输出的系统,如示波器、扫描仪的 X 轴与 Y 轴电动机驱动控制等。

利用 8255A 作为接口芯片,采用双缓冲方式,实现 2 路模拟量同步输出接口电路见图 12-3。两片 DAC0832 的数据输入端连接 8255A 端口 A,两片 DAC0832 的 4 个写控制信

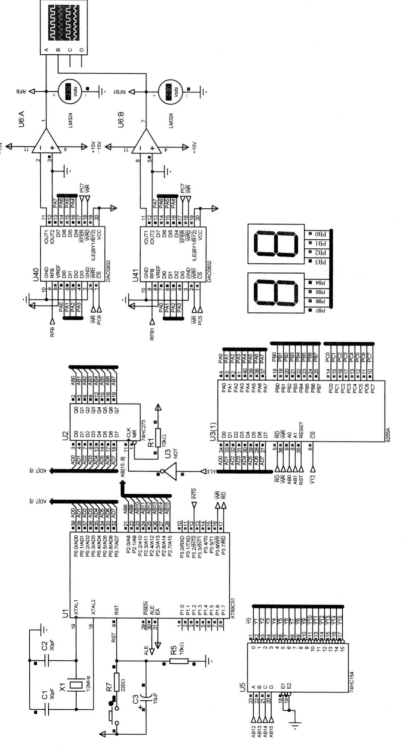

图 12-3 两路模拟量同步输出接口电路

号(各有 $\overline{WR1}$ 和 $\overline{WR2}$ 两个写信号),共接系统写控制信号 $\overline{WR}$,两片 DAC0832 的输入寄存器各占一个端口地址,用端口 C 的 PC6 和 PC5 作为选通信号。两片 DAC0832 的 DAC 寄存器锁存信号 $\overline{XFER}$ 连接在一起,共用一个端口地址,用端口 C 的 PC7 选通,同时作为转换启动信号。

8255A 的 $\overline{CS}$ 连接系统片选信号 $\overline{Y12}$,端口地址与控制命令见表 12-2。

表 12-2　端口地址与控制命令

$\overline{CS}$	A15~A12	A1A0	工 作 状 态
$\overline{Y12}$	1100	—	与系统总线连接
0	1100	00	C000H：8255A 端口 A
		01	C001H：8255A 端口 B
		10	C002H：8255A 端口 C
		11	C003H：8255A 控制端口

2)端口定义

```
# define P1A8255 XBYTE[0xC000]      //Y12
# define P1B8255 XBYTE[0xC001]
# define P1C8255 XBYTE[0xC002]
# define P1COM8255 XBYTE[0xC003]
```

3)控制命令

```
P1C8255 = 0xbf;              //PC7 = 1,PC6 = 0,PC5 = 1
P1A8255 = ucData;            //写入 1#DAC0832 输入寄存器

P1C8255 = 0xbf;              //PC7 = 1,PC6 = 1,PC5 = 0
P1A8255 = ucData;            //写入 2#DAC0832 输入寄存器

P1C8255 = 0xbf;              //PC7 = 0,PC6 = 1,PC5 = 1
P1A8255 = 0;                 //启动转换
```

4)转换操作过程

(1)把两路待转换数据分别写入 2 片 DAC0832 的输入寄存器。

(2)同时将数据输出至 DAC 寄存器,并启动转换。

5)参考程序

两路通道同步输出锯齿波,仿真结果见图 12-4。

```
# include "reg51.h"
# include < absacc.h >
# define uchar unsigned char
# define uint unsigned int

# define P1A8255 XBYTE[0xC000]      //Y12
# define P1B8255 XBYTE[0xC001]
# define P1C8255 XBYTE[0xC002]
# define P1COM8255 XBYTE[0xC003]
```

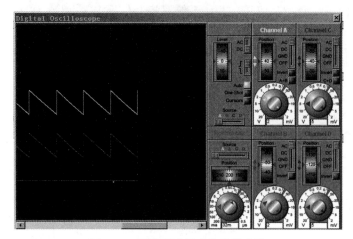

图 12-4　两路通道同步输出锯齿波

```c
void vDelay(unsigned int uiT )
{
  while(uiT-- ) ;
}


void vWRDAC0832D(unsigned char ucD0, unsigned char ucD1)
{
  unsigned char i;
  P1C8255 = 0xbf;                    //PC7 = 1, PC6 = 0, PC5 = 1
  P1A8255 = ucD0;
  vDelay(10);
  P1C8255 = 0xdf;                    //PC7 = 1, PC6 = 1, PC5 = 0
  P1A8255 = ucD1;
  vDelay(10);
  P1C8255 = 0x7f;                    //PC7 = 0, PC6 = 1, PC5 = 1
  P1A8255 = 0;
  vDelay(10);
}


void main()
{
  unsigned char i;
  P1COM8255 = 0x80;
  while(1)
  {
    for(i = 0; i < 255; i++)
      {
        vWRDAC0832D(i, i);
        P1B8255 = i;
      }
  }
}
```

12.3　单通道 DAC 扩展多通道模拟量输出接口

1. 接口电路

DAC0832 为 8 位单通道模拟量输出 DAC，利用 CD4051 扩展 8 路模拟量输出通道扩展接口见图 12-5。

CD4051 为 8 选 1 双向模拟开关，利用 8255A 端口 C 的 PC2、PC1、PC0 连接 CD4051 的 C、B、A 选择通道，用数字示波器观察 8 路输出信号。

2. 参考程序

```c
# include "reg51.h"
# include < absacc. h >
# define uchar unsigned char
# define uint unsigned int

# define P1A8255 XBYTE[0xC000]    //Y12
# define P1B8255 XBYTE[0xC001]
# define P1C8255 XBYTE[0xC002]
# define P1COM8255 XBYTE[0xC003]

void vDelay(unsigned int uiT )
{
  while(uiT -- ) ;
}

void vWRDAC0832(unsigned char ucNo)
{
  unsigned char i;
  P1C8255 = ucNo&0x08;
  for(i = 0;i < 255;i++)            //输出锯齿波
  {
    P1A8255 = i;
    P1B8255 = i;
    vDelay(10);
  }
}

void main()
{
  unsigned char i;
  P1COM8255 = 0x80;
  while(1)
  {
   for(i = 0;i < 8;i++)
    vWRDAC0832(i);                  //选择 0～7 通道
  }
}
```

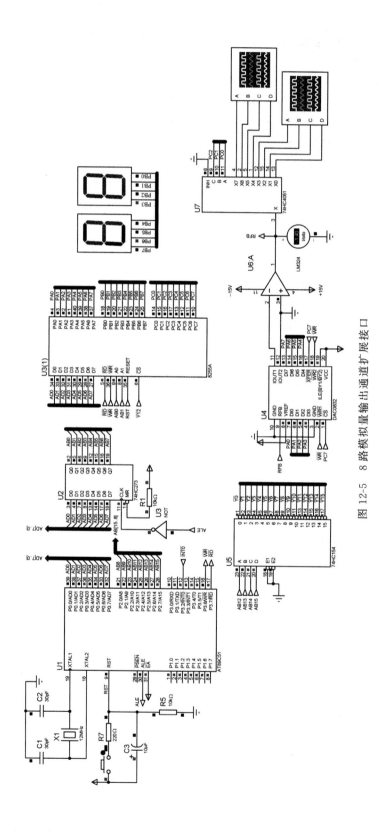

图 12-5 8 路模拟量输出通道扩展接口

12.4 6 路模拟量同步输出接口

功能：实现 6 路模拟量完全同步输出，可应用于扫描仪（2 路）、显示器的 $X-Y$ 轴同步扫描（2 路）、绘图仪 $X-Y$ 坐标的同步移动（2 路）、六旋翼无人机（6 路）、智能机器人等应用场合。

1. 接口电路

6 路模拟量同步输出接口由 6 片 DAC0832 构成。6 片 DAC0832 的输入寄存器各需要一个端口地址，以写入需转换数据。6 片 DAC0832 的 DAC 寄存器锁存信号 $\overline{\text{XFER}}$ 连在一起，用同一个端口地址，同步启动转换。

利用 8255A 扩展 6 路模拟量同步输出接口见图 12-6。利用 8255A 的端口 A 为 6 片 DAC0832 共用的数据端口，8255A 端口 C 的输出 PC1～PC6，连接 6 片 DAC0832 的片选信号 $\overline{\text{CS}}$，6 片 DAC0832 的 DAC 寄存器锁存信号 $\overline{\text{XFER}}$ 连在一起，用 PC7 控制，同步启动转换。

8255A 片内端口选择地址线 A1A0 连接系统地址总线 A1A0，端口地址与控制命令见表 12-3。

表 12-3　端口地址与控制命令

$\overline{\text{CS}}(\overline{\text{Y12}})$	A15～A12	A1A0	端 口 地 址
0	1100	00	C000H：8255A 端口 A
		01	C001H：8255A 端口 B
		10	C002H：8255A 端口 C
		11	C003H：8255A 控制端口

1）端口定义

```
#define P1A8255 XBYTE[0xC000]        //Y12
#define P1B8255 XBYTE[0xC001]
#define P1C8255 XBYTE[0xC002]
#define P1COM8255 XBYTE[0xC003]
```

2）控制命令

```
P1C8255 = ~0x02;   P1A8255 = ucD;    //写入 1# DAC0832 输入寄存器
P1C8255 = ~0x04;   P1A8255 = ucD;    //写入 2# DAC0832 输入寄存器
P1C8255 = ~0x08;   P1A8255 = ucD;    //写入 3# DAC0832 输入寄存器
P1C8255 = ~0x10;   P1A8255 = ucD;    //写入 4# DAC0832 输入寄存器
P1C8255 = ~0x20;   P1A8255 = ucD;    //写入 5# DAC0832 输入寄存器
P1C8255 = ~0x40;   P1A8255 = ucD;    //写入 6# DAC0832 输入寄存器
P1C8255 = ~0x80;   P1A8255 = 0;      //同步启动 6 路转换
```

3）转换操作过程

首先把 6 路待转换数据分别写入 6 片 DAC0832 的输入寄存器，然后同时将数据输出至 DAC 寄存器，并启动转换。

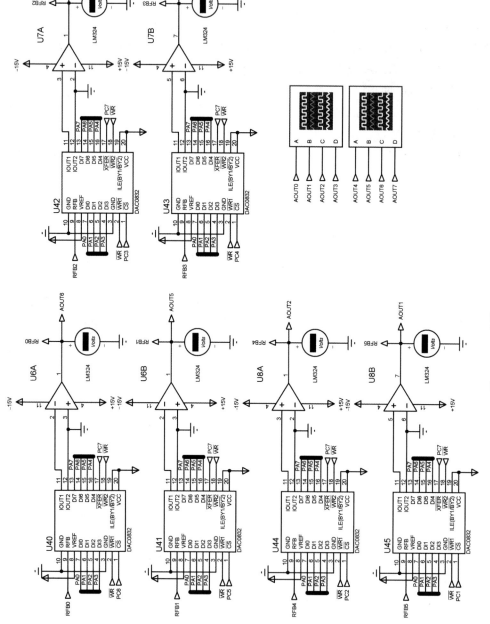

图 12-6   6 路模拟量同步输出接口电路

2. 参考程序

```
//同步输出6路锯齿波,在示波器观察输出
# include "reg51.h"
# include < absacc.h >
# define uchar unsigned char
# define uint unsigned int

# define P1A8255 XBYTE[0xC000]          //Y12
# define P1B8255 XBYTE[0xC001]
# define P1C8255 XBYTE[0xC002]
# define P1COM8255 XBYTE[0xC003]

void vDelay(unsigned int uiT )
{
  while(uiT -- ) ;
}

void vWRDAC0832D(unsigned char ucD[8])
{
  unsigned char i,ucN = 0x01;
  for(i = 0;i < 8;i++)
  {
    P1C8255 = (~(ucN << i))|0x80;
    P1A8255 = ucD[i]; vDelay(10);
  }
  P1C8255 = 0x7f;                       //PC7 = 0,PC6 = 1,PC5 = 0,PC4 = 1,PC3 = 1,PC2 = 1,PC1 = 1,
                                        //PC0 = 1;
  P1A8255 = 0;                          //启动转换
}

void main()
{
  unsigned char i,j,ucD[6];
  P1COM8255 = 0x80;
  while(1)
  {
    for(i = 0;i < 255;i++)
      {
        for(j = 0;j < 8;j++)
          ucD[j] = i;
        vWRDAC0832D(ucD);
      }
  }
}
```

12.5　DAC0808 PWM 调压

1. DAC0808

DAC0808 为 8 位电流型 DAC,引脚及功能说明见图 12-7 及表 12-4。

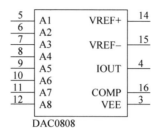

图 12-7 DAC0808 引脚

表 12-4 DAC0808 引脚及功能

引脚号	引脚名	说　　明	引脚号	引脚名	说　　明
1	NC	未用	9	A5	数字量输入
2	GND	电源地	10	A6	数字量输入
3	VEE	负电压输入	11	A7	数字量输入
4	IOUT	电流输出	12	A8	数字量输入 MSB
5	A1	数字量输入 LSB	13	VCC	电源
6	A2	数字量输入	14	VREF+	正向参考电压(需接电阻)
7	A3	数字量输入	15	VREF−	负向参考电压,接地
8	A4	数字量输入	16	COMP	补偿端

VREF+连接正向参考电压时需加入电阻,VREF−接地。

2. 接口电路

DAC0808 PWM 调压/调速接口见图 12-8。利用 8255A 作接口芯片,8255A 片选信号连接系统片选信号 $\overline{Y12}$,8255A 片选地址线 A1A0 连接系统地址总线 A1A0。8255A 端口 A 为 DAC0832 数据端口,DAC0808 电流输出经运算放大器转换为电压信号,驱动直流电动机。

程序采用 PWM 方式,信号占空比逐渐增加,输出电压逐渐增大,直流电动机逐渐加速,输出 PWM 波形可从示波器观察,电压值从数字电压表读出。

3. 参考程序

```c
# include "reg51.h"
# include <absacc.h>
# define uchar unsigned char
# define uint unsigned int

# define P1A8255 XBYTE[0xC000]        //Y12
# define P1B8255 XBYTE[0xC001]
# define P1C8255 XBYTE[0xC002]
# define P1COM8255 XBYTE[0xC003]

void vDelay(unsigned int uiT )
{
  while(uiT-- ) ;
}

void vWRDAC0832(unsigned char ucD)
{
```

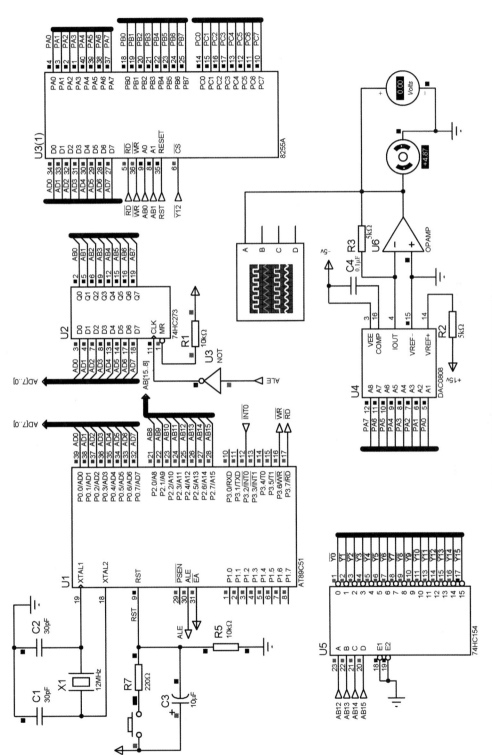

图 12-8 DAC0808 PWM 调压/调速接口

```
        P1A8255 = ucD;
}

void main()
{
  unsigned int i;
  P1COM8255 = 0x80;
  while(1)
  {
   for(i = 0;i < 1000;i++)
   {
     vWRDAC0832(255);vDelay(i * 60);                    //PWM 调压调速
     vWRDAC0832(0);vDelay(60000 - i * 60);
   }
  }
}
```

## 第 13 章

定时计数器

13.1 多路分频器

用一个定时计数器设计 8 路分频器,可应用于有多路不同定时周期要求的动态刷新、周期采样和周期控制系统。

1. 接口电路

用片内定时计数器 1 产生基准频率信号,在中断处理程序中采用程序分频方式产生 8 路不同周期的信号,用 LED 组模拟显示,用示波器观察输出波形,见图 13-1 和图 13-2。

2. 参考程序

```
# include < reg51.h >
unsigned int ucTimer;
unsigned int SucTimer;

sbit LED0 = P0^0;
sbit LED1 = P0^1;
sbit LED2 = P0^2;
sbit LED3 = P0^3;
sbit LED4 = P0^4;
sbit LED5 = P0^5;
sbit LED6 = P0^6;
sbit LED7 = P0^7;

sbit SLED0 = P2^0;
sbit SLED1 = P2^1;
sbit SLED2 = P2^2;
sbit SLED3 = P2^3;
sbit SLED4 = P2^4;
sbit SLED5 = P2^5;
sbit SLED6 = P2^6;
sbit SLED7 = P2^7;

void vTIMER1() interrupt 3 using 2
{
  ucTimer = (ucTimer + 1) % 1000;
  SLED0 = ~SLED0;                    //基准频率
```

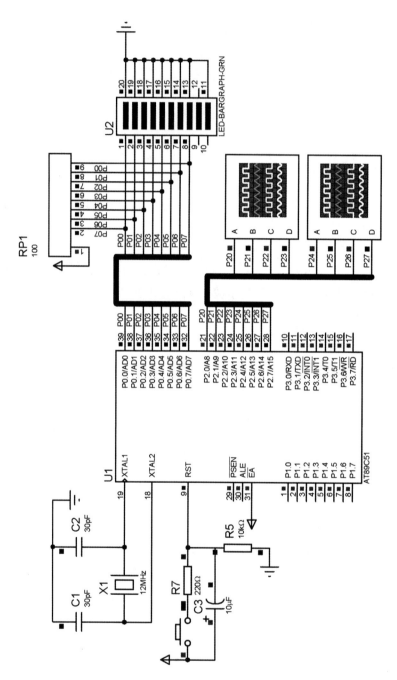

图 13-1 多路分频器接口电路

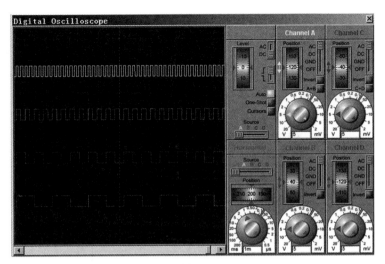

图 13-2　多路分频器仿真

```
    if(ucTimer % 2 == 0)
        {LED1 = ~LED1;SLED1 = ~SLED1;}           //2 分频

    if(ucTimer % 4 == 0)
        {LED2 = ~LED2;SLED2 = ~SLED2;}           //4 分频

    if(ucTimer % 8 == 0)
        {LED3 = ~LED3;SLED3 = ~SLED3;}           //8 分频

    if(ucTimer % 16 == 0)
        {LED4 = ~LED4;SLED4 = ~SLED4;}           //16 分频

    if(ucTimer % 32 == 0)
        {LED5 = ~LED5;SLED5 = ~SLED5;}           //32 分频

    if(ucTimer % 64 == 0)
        {LED6 = ~LED6;SLED6 = ~SLED6;}           //64 分频

    if(ucTimer % 128 == 0)
        {LED7 = ~LED7;SLED7 = ~SLED7;}           //128 分频
}

void main()
{
    TMOD = 0x20;
    TH1 = 256 - 100;
    TL1 = 256 - 100;
    EA = 1;ET1 = 1;                              //开中断
    TR1 = 1;                                     //驱动
    while(1);
}
```

13.2 动态刷新与显示

多位七段码 LED 显示器由于段码复用,必须采用动态显示方式,利用视觉暂留特性,在小于 0.04s 的周期内定时刷新,刷新频率大于 25Hz,才能正确显示信息。

利用片内定时计数器 0 产生刷新时间周期信号,并在其定时中断处理程序中刷新显示内容,实现 8 位七段 LED 显示器动态显示。

8 位七段 LED 显示器封装及引脚见图 13-3。

图 13-3　8 位七段 LED 显示器封装及引脚

1. 接口电路

定时器动态刷新与显示接口电路见图 13-4。

2. 参考程序

```c
#include <reg51.h>
unsigned char code LEDTab[] = {0x3f,0x06,0x5b,0x4f,0x66,0x6d,0x7d,0x07,0x7f,0x6f};

unsigned int uiT,uiD;
void vDelay(unsigned int uiTT)
{
  while( -- uiTT);
}

void vDispLED8(unsigned int uiD,unsigned int uiT)
{
    unsigned char ucLED[8],i,ucD = 0x01;
    ucLED[7] = uiT % 10;
    ucLED[6] = (uiT/10) % 10;
    ucLED[5] = (uiT/100) % 10;
    ucLED[4] = (uiT/1000) % 10;
    ucLED[4] = 0xff;
    ucLED[3] = uiD % 10;
    ucLED[2] = (uiD/10) % 10;
    ucLED[1] = (uiD/100) % 10;
    ucLED[0] = (uiD/1000) % 10;

    for(i = 0;i < 8;i++)
    {
     P1 = 0x00;
     P2 = ~LEDTab[ucLED[i]];
```

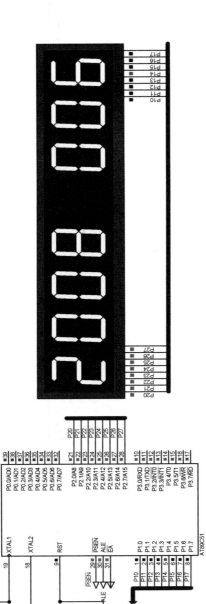

图13-4 定时器动态刷新与显示接口电路

```c
        P1 = ucD << i;
        vDelay(200);
    }
}
void Timer0Int() interrupt 1 using 2
{
    unsigned char i = 0, ucD = 0x01;
    unsigned char ucLED[8];
    //uiT = (uiT + 1) % 1000;
    ucLED[7] = uiT % 10;
    ucLED[6] = (uiT/10) % 10;
    ucLED[5] = (uiT/100) % 10;
    ucLED[4] = (uiT/1000) % 10;
    ucLED[4] = 0xff;                            //不显示,分割
    ucLED[3] = uiD % 10;
    ucLED[2] = (uiD/10) % 10;
    ucLED[1] = (uiD/100) % 10;
    ucLED[0] = (uiD/1000) % 10;
    for(i = 0; i < 8; i++)
    {
        P1 = 0x00;
        P2 = ~LEDTab[ucLED[i]];
        P1 = ucD << i;
        vDelay(100);
    }
    TH0 = (65536 - 3000)/256;
    TL0 = (65536 - 3000) % 256;
}
void main()
{
    unsigned int i;
    for(i = 0; i < 100; i++)                    //启动
    {
        vDispLED8(2008, i);                     //显示函数测试
        vDelay(1000);
    }
    TMOD = 0x01;
    TH0 = (65536 - 600)/256;
    TL0 = (65536 - 600) % 256;
    EA = 1; ET0 = 1; TR0 = 1;
    i = 0;
    while(1)
    {
    (i = i + 1) % 1000;
    vDelay(30000); uiD = 2008; uiT = i;
//动态赋值 uiD 和 uiT,在定时器中断处理程序中动态刷新与显示
//高 4 位显示 uiD,低 3 位显示 uiT,中间一位为分割位不显示
    }
}
```

13.3 周期采样与通信

利用定时计数器设定采样时间,采集 ADC0808 通道 0 模拟量,在串行 LCD1602 显示,同时经过扩展出的串行通信端口,发送给上位机。

1. 接口电路

循环采样 ADC0809,P2.0 控制串行输出端口,当 P2.0=0 时,送串行 LCD1602 显示;当 P2.0=1 时,通过串行端口,送上位机(虚拟终端),见图 13-5 和图 13-6。

2. 参考程序

```c
# include "reg51.h"
# include "stdio.h"
sbit SW = P2^0;
sbit EOC = P2^6;
sbit ST = P2^5;
sbit OE = P2^7;

typedef unsigned char   uchar;
typedef unsigned int    uint;

void delayms(uint j)
{
      while (j--);
}

void putcLCD(uchar ucD)
{
  SBUF = ucD;
  while(!TI);
  TI = 0;
}

uchar GetcLCD()
{
  while(!RI);
  RI = 0;
  return SBUF;
}

void vWRLCDCmd(uchar Cmd)
{
  putcLCD(0xfe);
  putcLCD(Cmd);
}

void LCDShowStr(uchar x, uchar y, uchar * Str)
{
  uchar code DDRAM[] = {0x80, 0xc0};
  uchar i;
```

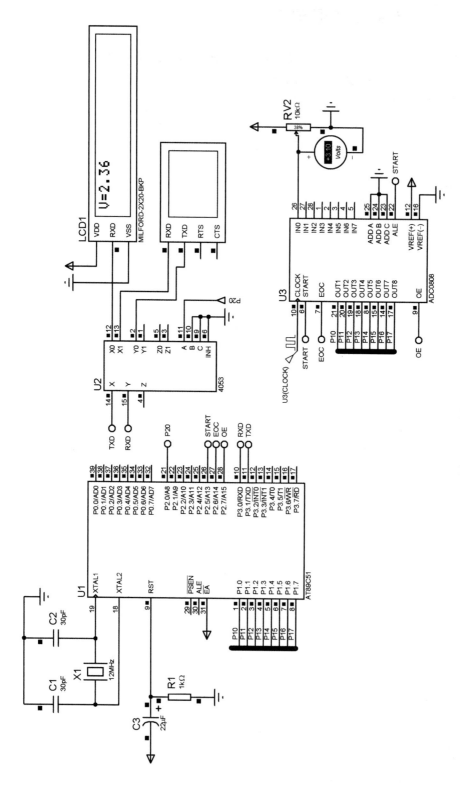

图 13-5　周期采样与通信接口

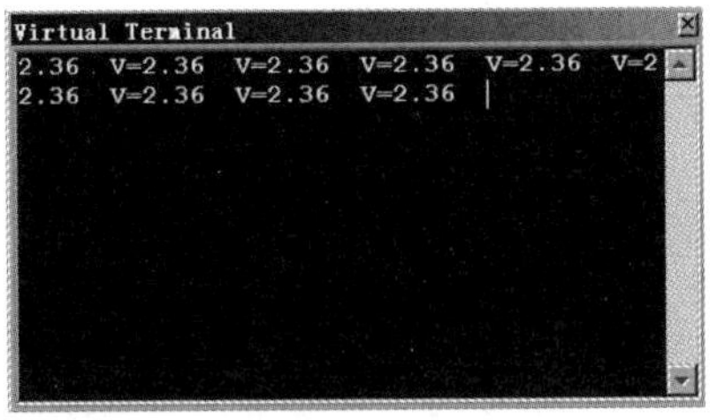

图 13-6　仿真结果

```
   vWRLCDCmd(DDRAM[x]|y);
   i = 0;
   while(Str[i]!= '\0')
     {
          putcLCD(Str[i]);i = i++;
          delayms(10);
     }
}


void UARTStr(uchar * Str)
{
   uchar i = 0;
   while(Str[i]!= '\0')
     {
          putcLCD(Str[i]);i = i++;
          delayms(10);
     }
}


unsigned char vADC0809()
{
      unsigned char ucD;
      ST = 0;ST = 1;ST = 0;                    //启动转换
      while(!EOC);                             //等待转换结束
      OE = 1;                                  //输出使能
      P1 = 0xff;
      ucD = P1;                                //读数据
      return ucD;
}


void main(void)
{
   uchar ucD,i,ucT[] = {0x0d,0x0a};
   uchar ucStr[10];
   float x;
   TMOD = 0x20;
   TH1 = 0xFD;
   TL1 = 0xFD;
   SCON = 0x50;
   RI = 0;TI = 0;TR1 = 1;delayms(10);
```

```
    while(1)
     {
        ucD = vADC0809();delayms(10000);
        x = ucD * 5.0/256;
        sprintf(ucStr,"V = % 4.2f",x);
        SW = 0;                                 // 串行 LCD1602 显示
        vWRLCDCmd(0x01);delayms(100);
        LCDShowStr(0,0,ucStr); delayms(10000);  //显示当前电压
        SW = 1;                                 //串行通信,发送当前电压
        UARTStr(ucStr);delayms(10000);
     }
    }
```

## 第 14 章

显　　示

14.1　LCD1602

1. 封装及引脚

LCD1602 为点阵型字符液晶显示模块,由控制器 HD4480、驱动器 HD4410 和液晶显示板组成,可实现两行 2×16 个字符显示。

LCD1602 为单列 16 脚封装,封装及引脚见图 14-1,引脚说明见表 14-1。

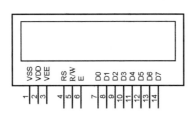

图 14-1　LCD1602 封装及引脚

表 14-1　LCD1602 引脚说明

引脚号	引脚名	说　　明	引脚号	引脚名	说　　明
1	VSS	电源地	8	D1	数据线 1
2	VDD	电源	9	D2	数据线 2
3	VEE	对比度调节	10	D3	数据线 3
4	RS	数据/命令选择	11	D4	数据线 4
5	R/W	读/写控制	12	D5	数据线 5
6	E	使能	13	D6	数据线 6
7	D0	数据线 0	14	D7	数据线 7

VEE:液晶对比度调整引脚,接 0～5V 电压,调节液晶显示对比度。

RS:寄存器寻址引脚。RS=1 选择数据寄存器,RS=0 选择指令寄存器。

R/W:读写控制。R/W=1 时进行读操作,R/W=0 时进行写操作。

E:使能端。E 为高电平时,可以进行读操作。下降沿时,数据被写入。

2. 指令集

LCD1602指令集见表14-2,可编程实现初始化和显示功能,读写时序见图14-2和图14-3。

表 14-2　LCD1602 指令集

序号	指令	RS	R/W	D7	D6	D5	D4	D3	D2	D1	D0
1	清屏	0	0	0	0	0	0	0	0	0	1
2	光标复位	0	0	0	0	0	0	0	0	1	X
3	输入模式	0	0	0	0	0	0	0	1	I/D	S
4	显示设置	0	0	0	0	0	0	1	D	C	B
5	光标移位	0	0	0	0	0	1	S/C	B/L	X	X
6	功能设定	0	0	0	0	1	DL	N	F	X	X
7	CGRAM 地址	0	0	0	1	CGRAM 地址					
8	DDRAM 地址	0	0	1	DDRAM 地址						
9	忙标志	0	1	BF	计数器地址						
10	写 DDRAM	1	0	写入数据							
11	读 DDRAM	1	1	读出数据							

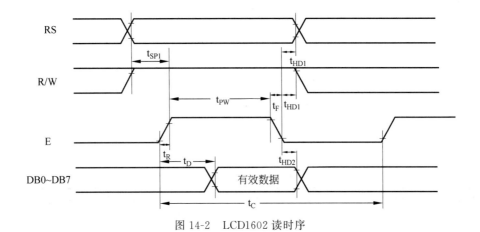

图 14-2　LCD1602 读时序

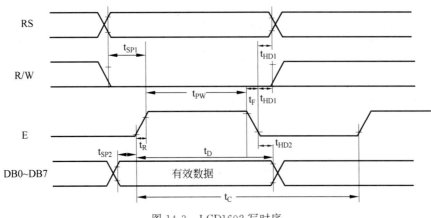

图 14-3　LCD1602 写时序

详细说明参见 LCD1602 技术文档。

3. 双 LCD1602 显示接口

利用锁存器 74HC273 扩展出外部地址总线 AB[15..0]和数据总线 D[7..0],74HC154 为系统地址译码电路,产生系统所需的片选信号 $\overline{Y0}\sim\overline{Y15}$,$\overline{Y3}$ 和 $\overline{Y4}$ 分别作为 2 片 LCD1602 的片选信号,与读写控制信号经逻辑门,产生 LCD1602 需要的使能信号 E,接口电路见图 14-4。系统地址线 A1A0 连接 LCD1602 的 RS 与 R/W,作为 LCD1602 的命令/数据选择控制线和读写控制线。

2 片 LCD1602 端口编址见表 14-3 和表 14-4。

表 14-3　LCD1602A 端口编址

A15~A12	A1	A0	端 口 地 址
$\overline{Y3}$	R/W	RS	
0011	0	0	3000H:写数据寄存器
	0	1	3001H:写命令寄存器
	1	0	3002H:读数据寄存器

表 14-4　LCD1602B 端口编址

A15~A12	A1	A0	端 口 地 址
$\overline{Y4}$	R/W	RS	
0100	0	0	4000H:写数据寄存器
	0	1	4001H:写命令寄存器
	1	0	4002H:读数据寄存器

4. 参考程序

```
# include "reg51.h"
# include < absacc.h >
# define uchar unsigned char

# define LCD1602C XBYTE[0x3000]      //Y3 LCD1602(A)内部寄存器地址定义
# define LCD1602D XBYTE[0x3001]
# define LCD1602BY XBYTE[0x3002]

# define LCD1602CB XBYTE[0x4000]     //Y4 LCD1602(B)内部寄存器地址定义
# define LCD1602DB XBYTE[0x4001]
# define LCD1602BBY XBYTE[0x4002]
void vDelay(unsigned int uiT )
{
  while(uiT -- ) ;
}

void CheckBusy(uchar ucN)
{
  switch (ucN)
  {
    case 0: while(LCD1602BY&0x80);break;
    case 1: while(LCD1602BBY&0x80);break;
```

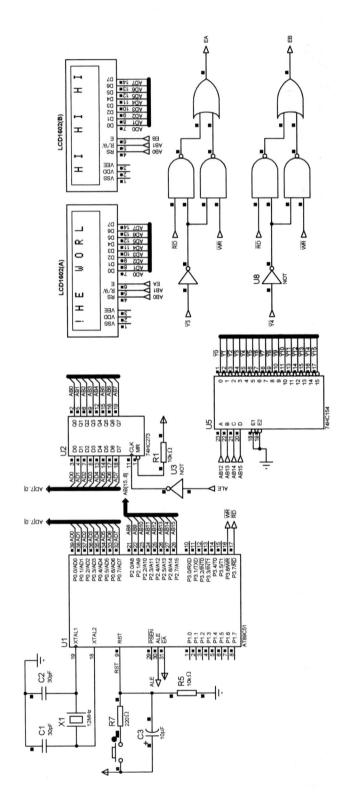

图 14-4 双 LCD1602 显示接口电路

```
    }
}
void vWRC( uchar ucN, uchar CMD)
{
  switch (ucN)
  {
    case 0:CheckBusy(0);LCD1602C = CMD;break;
    case 1:CheckBusy(1);LCD1602CB = CMD;break;
  }
}

void vWRD( uchar ucN, uchar ucD)
{
  switch (ucN)
  {
    case 0:CheckBusy(0);LCD1602D = ucD;break;
    case 1:CheckBusy(1);LCD1602DB = ucD;break;
  }
}

void vInitLCD1602( uchar ucN)
{
  switch (ucN)
  {
    case 0:vWRC(0,0x0C);break;
    case 1:vWRC(1,0x0C);break;
  }
}

void vLCD1602Str( uchar x, uchar y, uchar * ucD, uchar ucN)
{
  unsigned char ucAdd[ ] = {0x00,0x40};
  if(ucN == 0)
  {
    vWRD(0, ucAdd[x] + y);
    while ( * ucD)
    {
      vWRD(0, * ucD);
      ucD++;
    }
  }
  if(ucN == 1)
  {
    vWRD(1, ucAdd[x] + y);
    while ( * ucD)
    {
      vWRD(1, * ucD);
      ucD++;
    }
  }
}

void main( )
```

```
{
  unsigned char ucD;
  vInitLCD1602(0);
  vInitLCD1602(1);
  while(1)
  {
    vLCD1602Str(0,0,"THE WORLD!",0);
    vDelay(100);
    vLCD1602Str(0,0,"HI",1);
    vDelay(100);

  }
}
```

14.2 点阵与多位 LED 显示

1. LED 点阵

8×8 LED 点阵封装与引脚见图 14-5,左边 8 个引脚 SD0～SD7 是可复用的 8 个共阴极连接的段码,控制每列 8 个 LED 的显示内容。右边 8 个引脚 DD0～DD7 可被看作是 8 个位码,控制 8 个 LED 列中的哪一列被选中。因为段码复用,因此需要采用动态扫描方式显示。

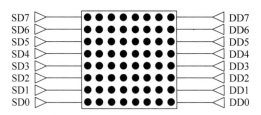

图 14-5　8×8 LED 点阵封装与引脚

2. 多位七段码 LED 显示器

8 位七段码 LED 显示器封装与引脚见图 14-6。引脚 ABCDEFGDP 为 8 个共阴极连接的段码,控制每 8 个七段码 LED 显示的内容。引脚 12345678 为 8 个位码控制端,控制 8 个七段码 LED 显示器中的哪一个被选中。因为段码复用,因此需要采用动态扫描方式显示。

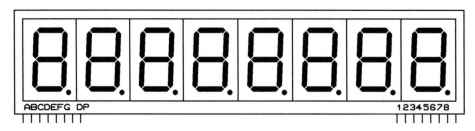

图 14-6　8 位七段码 LED 显示器封装与引脚

3. 接口电路

由 8255A 和 74HC154 构成的 8×16 LED 点阵和 8 位七段码动态显示接口电路见图 14-7。74HC154 为 4-16 译码器,U4 用来产生 8×16 点阵需要的 16 位的位码信号,U6 用来

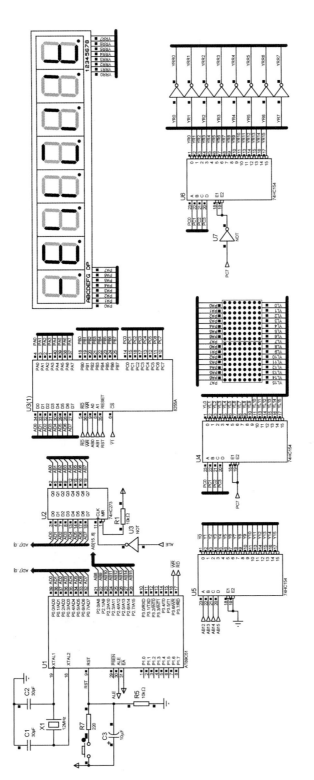

图 14-7 8×16 LED 点阵和 8 位七段码动态显示接口电路

产生 8 位七段码显示器需要的 8 位的位码信号(在 8255A 端口 PB 空闲时,也可直接由 PB7~PB0 产生)。PC3~PC0 作为两片 74HC154 的译码输入信号,信号产生位驱动信号 YL15~YL0 和 YR15~YR0(YR15~YR8 未用)。8×16 LED 点阵和 8 位七段码显示器共用 8255A 的 PA 端口作为数据口(段码)。

8255A 片选信号连接 $\overline{Y1}$,8255A 的端口 A、端口 B、端口 C 和控制口地址分别为 1000H、1001H、1002H 和 1003H。

4. 参考程序

```c
#include "reg51.h"
#include <absacc.h>
#define uchar unsigned char
#define uint unsigned int

#define P1A8255 XBYTE[0x1000]  //Y1
#define P1B8255 XBYTE[0x1001]
#define P1C8255 XBYTE[0x1002]
#define P1COM8255 XBYTE[0x1003]
unsigned char code vLED[10] =
{
    0x3F,              //"0"的字形表,0B00111111
    0x06,              //"1"的字形表,0B00000110
    0x5B,              //"2"的字形表,0B01011011
    0x4F,              //"3"的字形表,0B01001111
    0x66,              //"4"的字形表,0B01100110
    0x6D,              //"5"的字形表,0B01101101
    0x7D,              //"6"的字形表,0B01111101
    0x07,              //"7"的字形表,0B00000111
    0x7F,              //"8"的字形表,0B01111111
    0x6F,              //"9"的字形表,0B01101111
};
void vDelay(unsigned int uiT )
{
  while(uiT -- ) ;
}

void main()
{
  unsigned char ucD[ ] = {0x80,0x80,0x80,0xff,0xff,0xfe,0xfc,0xf8,0x01,0x01,0x01,0xff,0x7f,
0x3f,0x1f,0x0f},i;
//点阵数据
  unsigned char ucD1[ ] = {0xC0,0xF9,0xA4,0xB0,0x99,0x92,0x82,0xf8};
  P1COM8255 = 0x80;
  while(1)
  {
  P1C8255 = 0x7f;
  for(i = 0;i < 16;i++)
  {
  P1A8255 = ucD[i];
  P1C8255 = i&0x7f;
```

```
    vDelay(60);
//点阵动态显示
    }
    P1C8255 = 0xff;
    for(i = 0;i < 8;i++)
    {
    P1A8255 = ~vLED[i];P1C8255 = i|0x80;vDelay(220);P1A8255 = 0xff;
//8位七段码动态显示
    }
  }
}
```

14.3 十四段/十六段 LED 显示

1. 十四段/十六段 LED 显示器

十四段/十六段 LED 显示器封装见图 14-8,结构与显示原理与七段码 LED 显示器相同,分为共阳极型和共阴极型,可以显示出更多、更复杂的数字和字符。

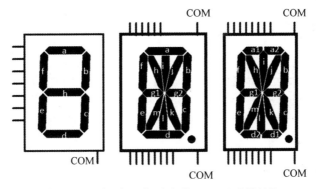

图 14-8 七段/十四段/十六段 LED 显示器封装

十四段/十六段 LED 显示器显示码见表 14-5。

表 14-5 十四段/十六段 LED 显示器显示码

	D15	D14	D13	D12	D11	D10	D9	D8	D7	D6	D5	D4	D3	D2	D1	D0
十四段		dp	g1	m	l	k	g2	j	i	h	f	e	d	c	b	a
十六段	g1	m	l	k	g2	j	i	h	f	e	d2	d1	c	b	a2	a1

2. 接口电路

用 8255A 驱动 8 位十六段 LED 显示器接口电路见图 14-9。

8255A 的端口 PA 和 PB 为 16 位段码信号,端口 PC 产生 8 位的位码信号。

3. 参考程序

```
# include "reg51.h"
# include < absacc.h >
# define uchar unsigned char
```

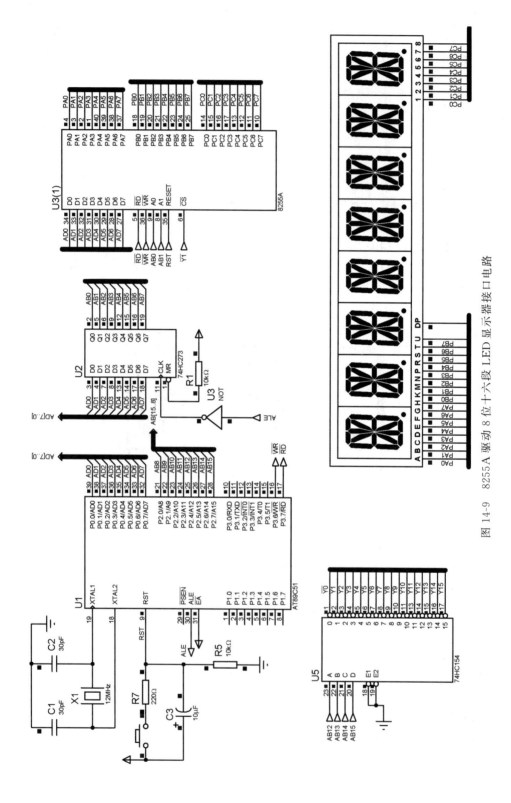

图 14-9 8255A 驱动 8 位十六段 LED 显示器接口电路

```
#define uint unsigned int

#define P1A8255 XBYTE[0x1000]          //Y1
#define P1B8255 XBYTE[0x1001]
#define P1C8255 XBYTE[0x1002]
#define P1COM8255 XBYTE[0x1003]
void vDelay(unsigned int uiT)
{
  while(uiT--);
}


void main()
{
  unsigned char ucD[] = {0xff,0x0c,0x77,0x3f,0x0f,0xbf,0xfb,0xff},i;
  unsigned char ucD1[] = {0xff,0x00,0x88,0x88,0x00,0x88,0x88,0x88};
  P1COM8255 = 0x80;
  while(1)
  {
   for(i=0;i<8;i++)
   {
   P1A8255 = ucD[i];
   P1B8255 = ucD1[i];
   P1C8255 = ~(0x01 << i);
   vDelay(600);P1C8255 = 0xff;          //动态显示
   }
  }
}
```

第 15 章

CHAPTER 15

传感器接口

15.1 温度传感器

15.1.1 LM35 和 LM45

LM35 和 LM45 为集成型模拟量输出温度传感器。

1. 基本特性

LM35 的 Proteus 模型见图 15-1,VOUT 为模拟量输出,其电源有单电源和双电源两种模式。单电源模式提供 0～150℃ 范围的温度检测,双电源模式提供 −55～150℃ 范围的温度检测。

将 LM35 的输出引脚 VOUT 直接连接 ADC 的模拟量输入端,温度测量范围为 0～150℃,对应输出电压范围 0～1.5V。仿真时可利用 LM35 模型的温度调节按钮调节当前温度。

LM45 的 Proteus 模型见图 15-2,VOUT 为模拟量输出。LM45 为高精度集成模拟量输出温度传感器,不需要任何外围器件,温度检测范围为 −20～+100℃,温度/电压线性转换因子为 +10.0mV/℃。

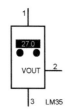

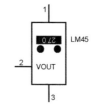

图 15-1 Proteus 的 LM35 模型　　　　图 15-2 Proteus 的 LM45 模型

2. 接口电路

LM35 和 LM45 组成的双温度检测接口电路见图 15-3。利用 ADC0808 模拟量输入通道 IN0 和 IN1 作为 LM35 和 LM45 的模拟量输入通道,P2.0、P2.1 和 P2.2 作为 ADC0808 的通道选择信号 ADDA、ADDB 和 ADDC 循环选择 LM35 和 LM45 的输入,当前温度在 LCD1602 上显示。当前温度可通过 Proteus 模型提供的调节按钮改变。

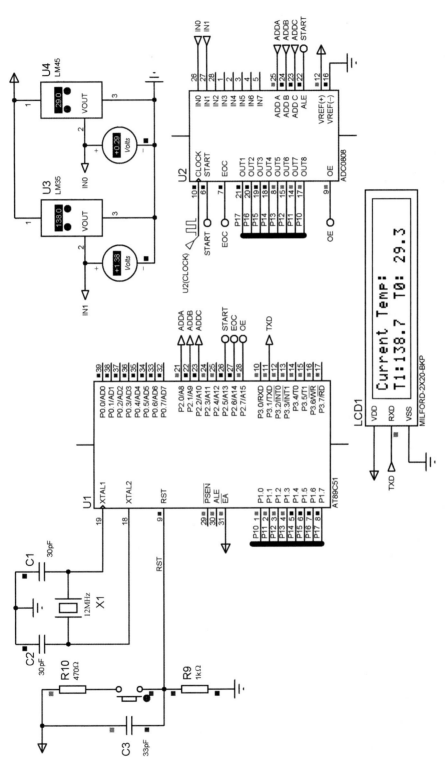

图 15-3 LM35 和 LM45 温度传感器接口电路

3. 参考程序

```c
# include < REG51. h >
# include < absacc. h >
# include < stdio. h >
# include "lcd1602s. h"

sbit EOC = P2^6;
sbit ST = P2^5;
sbit OE = P2^7;
sbit ADDA = P2^0;
sbit ADDB = P2^1;
sbit ADDC = P2^2;

void vDelay(unsigned int uiT)
{
  while(uiT -- );
}


unsigned char vADC0809(unsigned char ucN)
{
    unsigned char ucD;
    switch (ucN)
    {
      case 0 :
          ADDC = 0; ADDB = 0; ADDA = 0; break;
      case 1 :
          ADDC = 0; ADDB = 0; ADDA = 1; break;
      case 2 :
          ADDC = 0; ADDB = 1; ADDA = 0; break;
      case 3 :
          ADDC = 0; ADDB = 1; ADDA = 1; break;
    }
    ST = 0; ST = 1; ST = 0;            //启动转换
    while(!EOC);                        //等待转换结束
    OE = 1;                            //输出使能
    P1 = 0xff;
    ucD = P1;                          //读数据
    ST = 0;
    return ucD;
}
void main(void)
{
    unsigned char ucD0, i;
    unsigned char ucStr0[10];
    float fX0;
    vLCD1602SInit();
    while(1)
    {
# if 1
        LCDShowStr(0,0,"Current Temp:");
```

```
    ucD0 = vADC0809(0);                    //显示转换数据
    fX0 = ucD0 * 500.0/256.0;
    sprintf(ucStr0,"T1:%5.1f",fX0);
    LCDShowStr(1,0,ucStr0);
    vDelay(6000);
    ucD0 = vADC0809(1);                    //显示转换数据
    fX0 = ucD0 * 500.0/256.0;
    sprintf(ucStr0,"T0:%5.1f",fX0);
    LCDShowStr(1,10,ucStr0);
    vDelay(6000);
  #endif
    }
}
```

15.1.2 IIC 总线温度传感器 DS1621

1. 基本特性

DS1621 为 IIC 总线数字温度传感器,数字温度输出 8 位整数和 1 位小数,可检测温度范围为 $-55 \sim +125℃$。

DS1621 引脚及功能见图 15-4 和表 15-1。

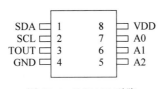

图 15-4　DS1621 引脚

表 15-1　DS1621 引脚及功能

引脚编号	引脚名	说　　明	引脚编号	引脚名	说　　明
1	SDA	IIC 数据	5	A2	地址线 2
2	SCL	IIC 时钟	6	A1	地址线 1
3	TOUT	报警输出	7	A0	地址线 0
4	GND	电源地	8	VDD	电源

A2A1A0 标识器件地址。温度超过设定上限时,TOUT 输出高电平。

DS1621 为标准 IIC 总线器件,按照 IIC 总线通信规约读写,具体请参照 9.1 节的介绍。

2. 控制字节

DS1621 控制字节如表 15-2 所示。IIC 总线规定 DS1621 的器件类型标识为 1001。3 位地址位,硬件标识器件地址,R/W=1 时进行读操作,R/W=0 时进行写操作。

表 15-2　DS1621 控制字节

D7	D6	D5	D4	D3	D2	D1	D0
器件类型标识				A2	A1	A0	R/W
1	0	0	1	地址位			读写控制位

3. 读写时序

DS1621 写操作时序见图 15-5。

图 15-5　DS1621 写操作时序

主器件发送控制字节(R/W＝0)和将要访问的 DS1621 内部寄存器地址,DS1621 按照 IIC 总线规约,以 ACK 应答,主器件送出数据。主器件以停止信号 P 结束写操作。

DS1621 读操作时序见图 15-6。

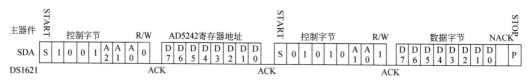

图 15-6　DS1621 读操作时序

主器件发送控制字节(R/W＝0)和将要访问的 DS1621 内部寄存器地址,DS1621 按照 IIC 总线规约,以 ACK 应答。主器件接收到从器件的应答 ACK 后,送出第二个开始信号和读操作控制字节(R/W＝1),从器件以 ACK 应答,并送出数据。主器件以 NACK 和停止信号 P 结束读操作。

利用 DS1621 指令集实现对 DS1621 的初始化和访问,DS1621 温度读取指令集见表 15-3。

表 15-3　DS1621 温度读取指令

命　　令	控制字节	说　　明
读温度	AAH	读当前温度 2 字节,高字节为整数部分,低字节为小数部分
启动转换	EEH	启动温度转换
停止转换	22H	停止温度转换

4. 接口电路

DS1621 与时钟芯片 PCF8583 构成的数字时钟温度计接口电路见图 15-7。DS1621 器件地址为 A2A1A0＝000。LCD 显示检测结果,利用 IIC 调试器跟踪 IIC 运行过程,模拟量值可从数字电压表读出。

5. 参考程序

```
////MAIN.C/////
# include < REG51.h >
# include < Intrins.h >
# include "PCF8583LCD.H"
# include "LCD1602S.H"
# include "stdio.H"
```

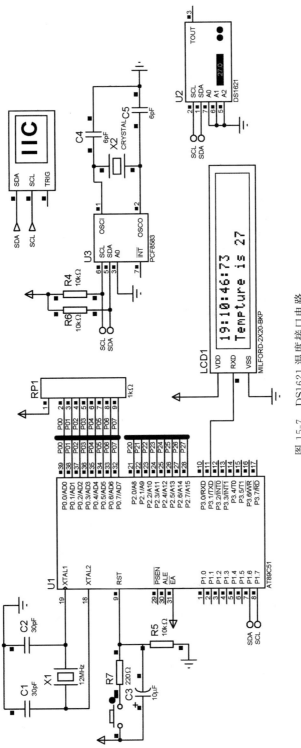

图 15-7 DS1621 温度接口电路

```c
void vDelay(unsigned int uiT)
{
  while(uiT -- );
}
void main(void)
{
    unsigned int ucD0,ucD1,ucD2,ucD3,ucD4,i,ucStr[20],ucD5;
    unsigned char ucT0[2] = {0xac,0x20};
    unsigned char ucT1[] = {0xee};
    vLCD1602SInit();
    delayms(10);
    WriteDS1621(0x90,ucT0,2); delayms(10);
    WriteDS1621(0x90,ucT1,1); delayms(10);
    while(1)
    {
      ucD4 = ReadPCF8583(0x01)&0x7f;     //读 1/1000 秒
      ucD0 = ReadPCF8583(0x02)&0x7f;     //读秒
      ucD1 = ReadPCF8583(0x03)&0x3f;     //读分
      ucD2 = ReadPCF8583(0x04);          //读小时
      ucD3 = ReadPCF8583(0x05)&0x3f;     //读日
      ucD5 = ReadDS1621(0x90);           //读温度
      sprintf(ucStr," %02x: %02x: %02x: %02x",(unsigned int)ucD2,(unsigned int)ucD1,
(unsigned int)ucD0,(unsigned int)ucD4);
      LCDShowStr(0,0,ucStr);
      sprintf(ucStr,"Tempture is %02d",ucD5);
      LCDShowStr(1,0,ucStr);
      vDelay(10000);
    }
}
///////////////PCF8583LCD.H////
# ifndef __PCF8583LCD_H__
# define __PCF8583LCD_H__
extern void IICstart(void);
extern void IICstop(void);
extern void IICNACK();
extern void IICACK();
extern void Write1Byte(unsigned char Buf1);
extern unsigned char Read1Byte(void);
extern void WritePCF8591(unsigned char Databuf);
extern unsigned ReadPCF8591(unsigned char Ch);
extern void WritePCF8583(unsigned char Address,unsigned char Databuf);
extern unsigned ReadPCF8583(unsigned char Address);
extern unsigned char ReadDS1621(unsigned char Address);
extern void WriteDS1621(unsigned char Address,unsigned char * Data,unsigned char ucN);
extern unsigned char ucT[2];
# endif
///////////////PCF8583LCD.C////

# include < REG51.h>
# include < Intrins.h>
# include "PCF8583LCD.H"
```

```
sbit SCL = P1^7;
sbit SDA = P1^6;
void WritePCF8583(unsigned char Address,unsigned char Databuf)
{
    IICstart();
    Write1Byte(0xA0);                           //发送 PCF8563 的器件地址和写信号
    Write1Byte(Address);                        //发送地址
    Write1Byte(Databuf);                        //发送数据
    IICstop();                                  //产生 IIC 停止信号
}

unsigned ReadPCF8583(unsigned char Address)
{
    unsigned char buf;                          //定义一个寄存器用来暂存读出的数据
    IICstart();                                 //IIC 启动信号
    Write1Byte(0xA0);                           //发送 PCF8563 的器件地址和写信号
    Write1Byte(Address);                        //发送地址
    IICstart();                                 //IIC 启动信号
    Write1Byte(0xA1);                           //发送 PCF8563 的器件地址和读信号
    buf = Read1Byte();                          //读一个字节数据
    IICNACK();
    IICstop();                                  //产生 IIC 停止信号
    return(buf);                                //将读出数据返回
}
void WriteDS1621(unsigned char Address,unsigned char * Data,unsigned char ucN)
{
    unsigned char i;
    IICstart();
    Write1Byte(Address);                        //发送地址
    for(i = 0;i < ucN;i++)
    {
     Write1Byte(Data[i]);
    }
    IICstop();                                  //产生 IIC 停止信号
}

unsigned char ReadDS1621(unsigned char Address)
{
    unsigned char ucTT,ucTT0;
    IICstart();                                 //IIC 启动信号
    Write1Byte(Address);                        //发送器件地址和写信号//0x90
    Write1Byte(0xaa);                           //读命令
    IICstart();                                 //IIC 启动信号
    Write1Byte(Address|0x01);
    ucTT = Read1Byte();                         //读一个字节数据
    IICACK();
    ucTT0 = Read1Byte();                        //读一个字节数据
    IICNACK();
    IICstop();                                  //产生 IIC 停止信号
    return ucTT;
}
```

15.1.3 SPI 接口温度传感器 TC72

1. TC72

TC72 为 SPI 接口 10 位分辨率温度传感器,温度测量范围为 $-55\sim+125℃$,工作电压为 $2.65\sim5.5V$。

TC72 使用 10 位二进制补码表示温度值,分辨率为 $0.25℃/$位。温度数据以二进制补码的格式存储在温度寄存器中。

TC72 引脚见图 15-8,功能说明见表 15-4。

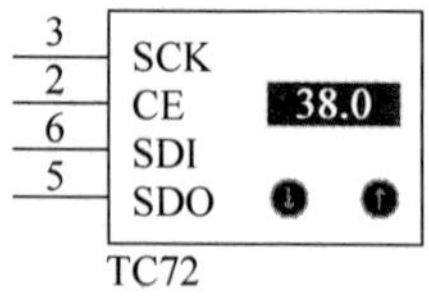

图 15-8　TC72 引脚

表 15-4　TC72 引脚功能说明

引脚名	功　能	引脚名	功　能
SCK	串行时钟	CE	片选
SDI	串行数据输入	SDO	串行数据输出

TC72 作为从器件工作,符合 SPI 总线规范,CE 为高电平有效,当 CE 等于逻辑高电平时,数据可以写入器件或从器件读出。CE 为低电平时,SCK 输入被禁止。CE 线的上升沿启动读或写操作,而 CE 的下降沿结束读或写操作。SCK 输入由外部单片机提供,用于同步 SDI 和 SDO 数据。SDI 向 TC72 控制寄存器写入命令,而 SDO 从温度寄存器中输出温度数据和控制寄存器关断位的状态。

TC2 控制寄存器地址见表 15-5。

表 15-5　TC2 控制寄存器地址

寄存器	读地址	写地址	控制字							
			D7	D6	D5	D4	D3	D2	D1	D0
控制寄存器	00H	80H	0	0	0	S/C	0	1	0	M
温度低字节寄存器	01H	—	T1	T0	0	0	0	0	0	0
温度高字节寄存器	02H	—	T9	T8	T7	T6	T5	T4	T3	T2

当控制寄存器写入控制字中,S/C=1&M=1,为单次关断工作模式,启动后完成一次换即进入省电模式。S/C=0&M=0,为连续转换模式,TC72 每隔 150ms 自动转换一次温度,并将数据保存在温度寄存器中。

读温度时,先发送温度寄存器地址字节,随后为数据。地址最高位 A7 决定要进行读操作还是写操作。若 A7=0,则将进行一个或多个读操作;若 A7=1,则进行一个或多个写操作。

TC72 详细内容参考 TC72 技术文档。

2. 接口电路

TC72 接口电路见图 15-9。利用 P2.0/P2.1/P2.2/P2.3 分别模拟产生 SPI 数据传输需要的 SCK/CE/SDI/SDO 信号,采集温度在 LCD 上显示。TC72 读写过程与时序参见参考程序。

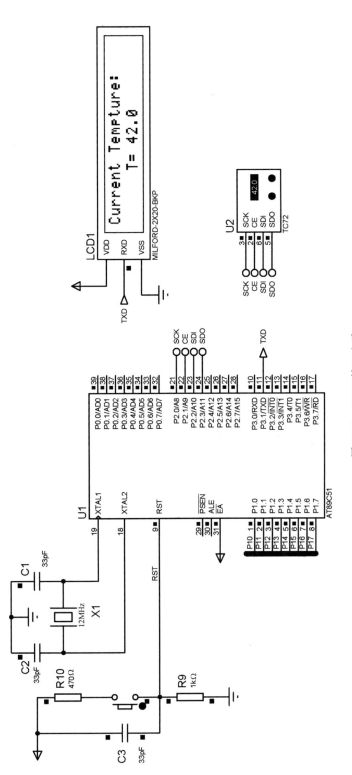

图 15-9 TC72 接口电路

3. 参考程序

```c
#include <REG51.h>
#include <absacc.h>
#include <stdio.h>
#include "lcd1602s.h"
sbit SCK = P2^0;
sbit CE = P2^1;
sbit SDI = P2^2;
sbit SDO = P2^3;
void vDelay(uint uiT)
{
   while(uiT--);
}


uchar ucRDByte()
{
   uchar i,ucD = 0x00;
   for(i = 0;i < 8;i++)
    {
        SCK = 1;SCK = 1;SCK = 0;SCK = 0;ucD = (ucD << 1)|SDO;
    }
   return ucD;
}


void vWRByte(uchar ucD)
{
   uchar i;
   for(i = 0;i < 8;i++)
    {
       ucD <<= 1;SDI = CY;
       SCK = 0; SCK = 0;SCK = 1;SCK = 1;
    }
}


void vWR2BYTE(uchar ucD0,uchar ucD1)
{
   CE = 1;
   vWRByte(ucD0);
   vWRByte(ucD1);
   CE = 0;
}


void vInitTC72()
{
   vWR2BYTE(0x80,0x15);
```

```
}

uchar vRDTemp()
{
  uchar X;
  uchar T[2];
  vWR2BYTE(0x80,0x15);
  vDelay(20);
  CE = 1;
  vWRByte(0x02);
  X = ucRDByte();
  CE = 0;
  return X;
}
#if 1
void main(void)
{
    unsigned char ucD = 1, i;
    unsigned char ucStr[20];
    float fX;
    vLCD1602SInit();
    while(1)
    {
      vInitTC72();
      LCDShowStr(0,0,"Current Tempture:");
      fX = vRDTemp() * 1.0;
      sprintf(ucStr,"T = % 5.1f",fX);
      LCDShowStr(1,6,ucStr);
      vDelay(10000);
    }
}
#endif
```

15.1.4　IIC 总线温度传感器 MCP9800

1. MCP9800

MCP9800 为 12 位高精度 IIC 总线温度传感器,温度检测范围为 $-55\sim+125℃$,引脚见图 15-10。

图 15-10　MCP9800 引脚

SCLK 和 SDA 为 IIC 总线时钟和数据引脚,ALERT 为报警输出引脚。MCP9800 为标准 IIC 总线器件,按照 IIC 总线规程进行数据传输。读写时序见图 15-11 和图 15-12。

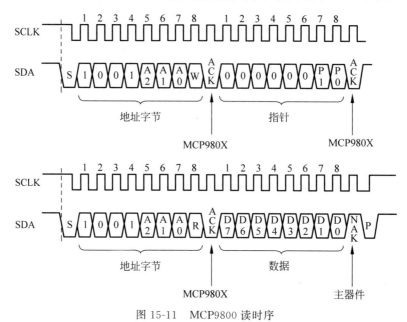

图 15-11 MCP9800 读时序

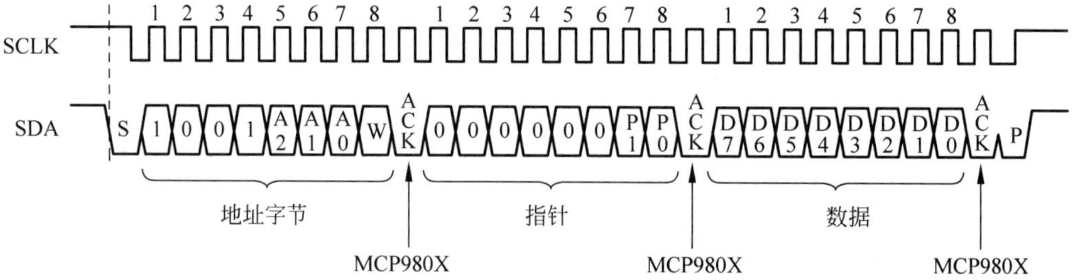

图 15-12 MCP9800 写时序

MCP9800 器件类型编码为 1001,内部寄存器地址见表 15-6。

表 15-6 内部寄存器地址

D7	D6	D5	D4	D3	D2	D1	D0	寄 存 器
						0	0	温度寄存器
		未用				0	1	配置寄存器
						1	0	温度迟滞寄存器
						1	1	温度设限寄存器

读温度前需要在配置寄存器写入 80H,温度读出使能。MCP9800 详细内容参考 PCF9800 技术文档。

2. 接口电路

MCP9800 接口电路见图 15-13,LCD 显示检测结果,利用 IIC 调试器跟踪 IIC 运行过程。

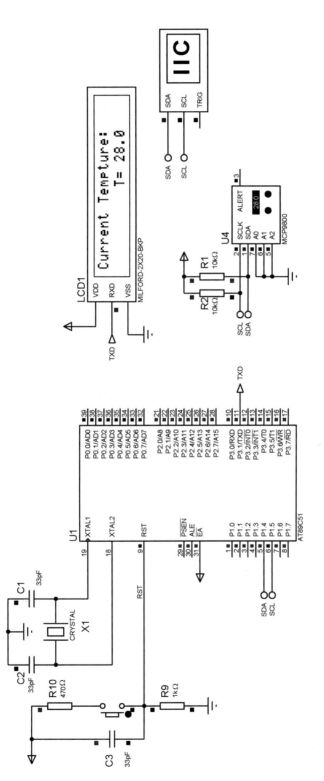

图 15-13 MCP9800 温度传感器接口

3. 参考程序

```c
#include <REG51.h>
#include <absacc.h>
#include <stdio.h>
#include "lcd1602s.h"
#include "IIC.h"
void vDelay(uint uiT)
{
   while(uiT--);
}


void WriteMCP9800(unsigned char Address,unsigned char Databuf)
{
    IICstart();
    Write1Byte(0x90);              //发送 PCF8563 的器件地址和写信号
    Write1Byte(Address);           //发送地址
    Write1Byte(Databuf);           //发送数据
    IICstop();                     //产生 IIC 停止信号
}


unsigned ReadMCP9800(unsigned char Address)
{
    unsigned char buf0,buf1;       //定义一个寄存器用来暂存读出的数据
    IICstart();                    //IIC 启动信号
    Write1Byte(0x90);              //发送 PCF8563 的器件地址和写信号
    Write1Byte(Address);           //发送地址
    IICstart();                    //IIC 启动信号
    Write1Byte(0x91);              //发送 PCF8563 的器件地址和读信号
    buf0 = Read1Byte();            //读一个字节数据
    IICNACK();
    IICstop();                     //产生 IIC 停止信号
    return(buf0);                  //将读出数据返回
}
#if 1
void main(void)
{
    unsigned char ucD = 1;
    unsigned char ucStr[20];
    float fX,fY;
    vLCD1602SInit();
    WriteMCP9800(0x01,0x81);
    while(1)
    {
    LCDShowStr(0,0,"Current Tempture:");
    WriteMCP9800(0x01,0x80);        //读出使能
    vDelay(100);
    fY = ReadMCP9800(0x00) * 1.0;
    sprintf(ucStr,"T = %5.1f",fY);
    LCDShowStr(1,10,ucStr);
    vDelay(10000);
```

```
    }
}
# endif
```

15.2 压力传感器 MCP4250/MPX4115

1. MPX4250

MPX4250 为集成压力传感器，封装引脚见图 15-14。引脚 1 为测量电压输出，引脚 2 为信号地，引脚 3 为 5V 电源，引脚 4～引脚 6 为空引脚。

2. MPX4115

MPX4115 为集成压力传感器，封装引脚见图 15-15。引脚 1 为测量电压输出，引脚 2 为信号地，引脚 3 为 5V 电源，引脚 4～引脚 6 为空引脚。

图 15-14　MPX4250 封装引脚　　　　图 15-15　MPX4115 封装引脚

3. 接口电路

压力传感器接口电路见图 15-16，利用 ADC0808 为 MPX4250 和 MPX4115 模拟量输入接口，分别由 IN0 和 IN1 通道输入，P2.0/P2.1/P2.2 为 ADC0808 模拟量输入选择，测量结果在 LCD 显示。

4. 参考程序

```
# include < REG51. h>
# include < absacc. h>
# include < stdio. h>
# include "lcd1602s. h"

sbit EOC = P2^6;
sbit ST = P2^5;
sbit OE = P2^7;
sbit ADDA = P2^0;
sbit ADDB = P2^1;
sbit ADDC = P2^2;

void vDelay(unsigned int uiT)
{
  while(uiT -- );
}

unsigned char vADC0809(unsigned char ucN)
```

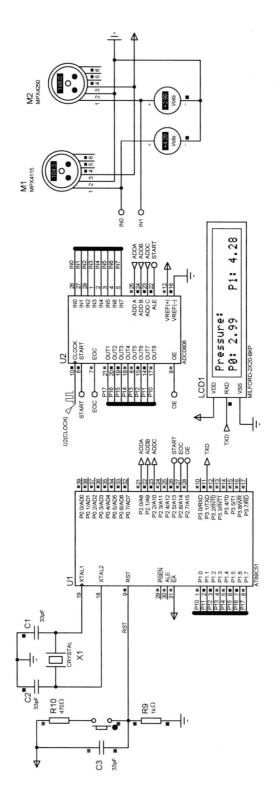

图 15-16 压力传感器接口电路

```
{
    unsigned char ucD;
    switch (ucN)
    {
      case 0:
          ADDC = 0;ADDB = 0;ADDA = 0;break;
      case 1:
          ADDC = 0;ADDB = 0;ADDA = 1;break;
      case 2:
          ADDC = 0;ADDB = 1;ADDA = 0;break;
      case 3:
          ADDC = 0;ADDB = 1;ADDA = 1;break;
      case 4:
          ADDC = 1;ADDB = 0;ADDA = 0;break;
      case 5:
          ADDC = 1;ADDB = 0;ADDA = 1;break;
      case 6:
          ADDC = 1;ADDB = 1;ADDA = 0;break;
      case 7:
          ADDC = 1;ADDB = 1;ADDA = 1;break;
    }
    ST = 0;ST = 1;ST = 0;              //启动转换
    while(!EOC);                       //等待转换结束
    OE = 1;                            //输出使能
    ucD = P1;                          //读数据
    ST = 0;
    return ucD;
}
void main(void)
{
    unsigned char ucD0,i;
    unsigned char ucStr0[10];
    float fX0,fX1;
    vLCD1602SInit();
    vDelay(60000);
    while(1)
    {
#if 1
        LCDShowStr(0,0,"Pressure:");
        ucD0 = vADC0809(0);           //显示转换数据
        fX0 = ucD0 * 5.0/256.0;
        sprintf(ucStr0,"P0: % 4.2f",fX0);
        LCDShowStr(1,0,ucStr0);
        vDelay(6000);
        ucD0 = vADC0809(1);           //显示转换数据
        fX1 = ucD0 * 5.0/256.0;
        sprintf(ucStr0,"P1: % 4.2f",fX1);
        LCDShowStr(1,12,ucStr0);
        vDelay(6000);
#endif
    }
}
```

15.3　距离传感器

1. GP2D12

GP2D12 为红外测距传感器,工作电压为 4~5.5V,探测距离为 10~80cm,模拟电压输出。

GP2D12 封装引脚见图 15-17,VO 为表示距离的模拟量输出。

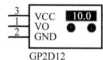

2. GP2Y0A21YK0F

GP2Y0A21YK0F 为红外测距传感器,工作电压为 4.5~5.0V,模拟电压输出,探测距离为 10~80cm,引脚与 GP2D12 相同。

图 15-17　GP2D12 封装引脚

3. 接口电路

红外测距传感器接口电路见图 15-18,利用 ADC0808 为 GP2D12 和 GP2Y0A 模拟量输入接口,分别由 IN0 和 IN1 通道输入,P2.0/P2.1/P2.2 用于 ADC0808 模拟量输入选择,测量结果在 LCD 上显示。

4. 参考程序

```c
#include <REG51.h>
#include <absacc.h>
#include <stdio.h>
#include "lcd1602s.h"

sbit EOC = P2^6;
sbit ST = P2^5;
sbit OE = P2^7;
sbit ADDA = P2^0;
sbit ADDB = P2^1;
sbit ADDC = P2^2;

void vDelay(unsigned int uiT)
{
  while(uiT--);
}

unsigned char vADC0809(unsigned char ucN)
{
    unsigned char ucD;
    switch (ucN)
    {
      case 0:
          ADDC = 0;ADDB = 0;ADDA = 0;break;
      case 1:
          ADDC = 0;ADDB = 0;ADDA = 1;break;
      case 2:
          ADDC = 0;ADDB = 1;ADDA = 0;break;
      case 3:
          ADDC = 0;ADDB = 1;ADDA = 1;break;
```

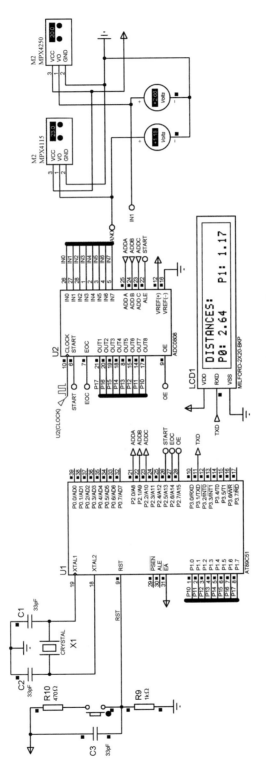

图 15-18 红外测距传感器接口电路

```
            case 4:
                ADDC = 1;ADDB = 0;ADDA = 0;break;
            case 5:
                ADDC = 1;ADDB = 0;ADDA = 1;break;
            case 6:
                ADDC = 1;ADDB = 1;ADDA = 0;break;
            case 7:
                ADDC = 1;ADDB = 1;ADDA = 1;break;
        }
        ST = 0;ST = 1;ST = 0;                //启动转换
        while(!EOC);                         //等待转换结束
        OE = 1;                              //输出使能
        ucD = P1;                            //读数据
        ST = 0;
        return ucD;
    }
void main(void)
{
        unsigned char ucD0,i;
        unsigned char ucStr0[10];
        float fX0,fX1;
        vLCD1602SInit();
        vDelay(60000);
        while(1)
        {
# if 1
            LCDShowStr(0,0,"DISTANCES:" );
            ucD0 = vADC0809(0);             //显示转换数据
            fX0 = ucD0 * 5.0/256.0;
            sprintf(ucStr0,"P0: % 4.2f",fX0);
            LCDShowStr(1,0,ucStr0);
            vDelay(6000);
            ucD0 = vADC0809(1);             //显示转换数据
            fX1 = ucD0 * 5.0/256.0;
            sprintf(ucStr0,"P1: % 4.2f",fX1);
            LCDShowStr(1,12,ucStr0);
            vDelay(6000);
# endif
        }
}
```

## 第 16 章

功率输出接口

功率接口是计算机控制系统设计中的一项关键技术。本章设计带光隔离的开关型功率输出接口,包括功率晶体管、可控硅和继电器功率接口。

16.1 光耦合器驱动接口

光耦合器是把发光器件和光敏器件组装在一起,通过光耦合,构成电-光-电转换器件,使属于弱电系统的数字化控制单元与强电系统无直接的电气连接,起到隔离和保护作用,光耦合器件是功率接口设计的关键器件。

16.1.1 原理

光耦合器结构见图 16-1。光耦合器由发光源和受光器组成,二者封闭在同一个不透明的管壳内由绝缘透明树脂隔离开。控制回路导通时,发光源发光,使受光器导通,从而使被控制回路导通。

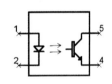

图 16-1 光耦合器原理图

16.1.2 驱动接口

根据受光器件的不同,光耦合器分为晶体管型和晶闸管型。

1. 晶体管输出型光耦合器驱动接口

晶体管输出型光耦合器的受光器件为光电晶体管,4N25 为常用的晶体管型光耦合器,接口电路见图 16-2。

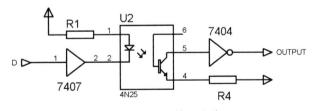

图 16-2 4N25 接口电路

使用同相驱动器 7407 作为光耦合器 4N25 的输入端驱动,光耦合端的输入电流一般为 $10\sim15\mathrm{mA}$,二极管压降为 $1.2\sim1.5\mathrm{V}$。输出部分地线接机壳或大地,内部系统的电源地浮空,不与交流电源的地线相接,避免输出部分电源的变化对内部控制系统电源产生影响,从而提高系统可靠性,最大隔离电压大于 $2500\mathrm{V}$。

2. 晶闸管输出型光耦合器驱动接口

晶闸管输出型光耦合器的输出端是光敏晶闸管或光敏双向晶闸管。当光耦合器的输入端有一定的电流流入时,晶闸管导通。

4N40为常用单向晶闸管输出型光耦合器,驱动接口见图16-3。

当输入端有15~30mA电流时,输出端晶闸管导通,输出端额定电压为400V,额定电流有效值为300mA。输入输出隔离电压为1500~7500V。

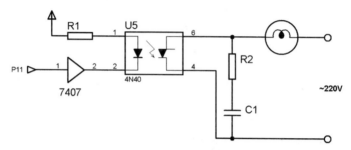

图16-3 4N40驱动接口

MOC3041为常用的双向晶闸管输出型光耦合器,其驱动接口见图16-4。

当输入端控制电流为15~30mA时,输出端额定电压为400V,最大浪涌电流为1A,输入输出隔离电压为7500V。

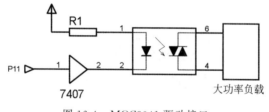

图16-4 MOC3041驱动接口

16.2 功率晶体管接口

与晶闸管相比,功率晶体管开关速度快,不需要换流控制电路,可工作于线性状态,广泛应用于功率变流器、稳压电源和交直流电动机控制等方面。

16.2.1 功率电源

1. 开关稳压电源

开关稳压电源接口见图16-5。利用单片机P10输出的脉冲频率和脉冲宽度调节电压输出电压VOut。功率晶体管Q1处于开关状态,Q1导通时,电源对电容C4充电;Q1截止时,电容C4对外供电。

参考程序

```
#include < reg51.h >
typedef unsigned char uchar;
typedef unsigned int uint;
```

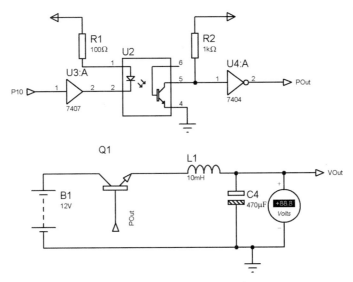

图 16-5　开关稳压电源电路

```
sbit POut = P1^0;
void vDelay(uint uiT)
{
  while(uiT--);
}
void main()
{
  uint i;
  while(1)
    {
    for(i = 0;i < 6000;i++)
      {
        POut = 0; vDelay(i);              //脉宽调节
        POut = 1; vDelay(6000 - i);
      }
    }
}
```

2. 桥式 DC/DC 变换电源

　　桥式 DC/DC 电源电路见图 16-6 和图 16-7。P1.0/P1.1/P1.2/P1.3 经隔离,产生控制信号 POut0～POut3,控制功率晶体管 Q1/Q2/Q3/Q4 的导通和截止。功率晶体管 Q1/Q2/Q3/Q4 组成桥式开关功率放大电路,Q1/Q4 和 Q2/Q3 交替导通和截止,在变压器初级绕组产生交变电流,通过变压器 TR1 交联到次级绕组,再经整流滤波输出电压 U,将直流电源 E 变换成直流电压 U,输出电压由 P1.0/P1.1/P1.2/P1.3 控制。

16.2.2 电动机控制

1. 直流电动机

　　利用功率晶体管控制输出电压,即可控制直流电动机的转速,其接口电路见图 16-8。

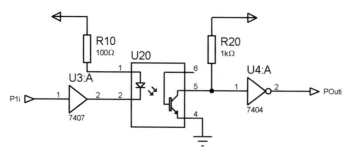

图 16-6　控制信号电路(POut0～POut3)

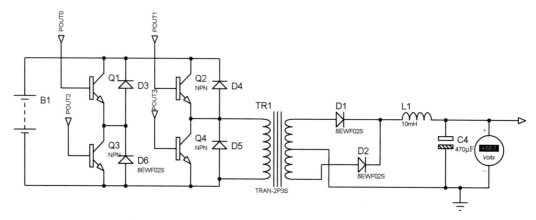

图 16-7　DC/DC 变换电路

P1.0 经光隔离,作为控制信号控制功率晶体管的导通和截止,其脉冲频率和占空比控制直流电动机的工作电压,从而控制直流电动机的转速。

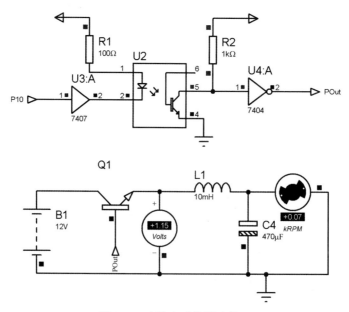

图 16-8　直流电动机调速接口

参考程序

```c
# include < reg51.h>
typedef unsigned char uchar;
typedef unsigned int uint;

sbit POut = P1^0;
void vDelay(uint uiT)
{
  while(uiT -- );
}
void main()
{
  uint i;
  while(1)
    {
     for(i = 0;i < 6000;i++)
      {
        POut = 0; vDelay(i);
        POut = 1; vDelay(6000 - i);
      }
    }
}
```

2. H 桥驱动接口

H 桥驱动直流电动机电路见图 16-9,POut0 信号参见图 16-8。当 POut0＝1 时,功率晶体管 Q1 和 Q4 导通而 Q2 和 Q3 截止,直流电动机正转。当 POut0＝0 时,功率晶体管 Q1 和 Q4 截止而 Q2 和 Q3 导通,直流电动机反转。

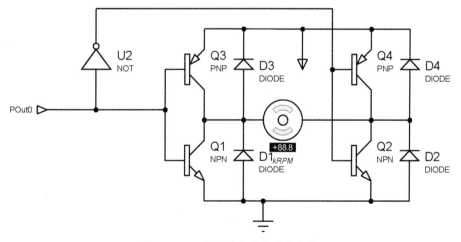

图 16-9 H 桥驱动直流电动机电路

3. 步进电机

用 ULN2803 驱动步进电机接口电路见图 16-10。

ULN2803 为集成达林顿阵列,封装引脚见图 16-11。

1B～8B 为输入引脚,1C～8C 为对应的反相输出引脚,需接上拉电阻,COM 为电源 0～50V。

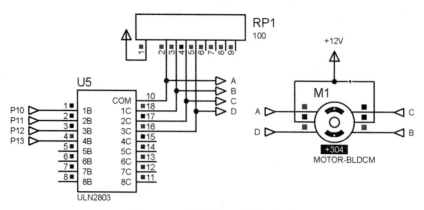

图 16-10　步进电机驱动接口电路

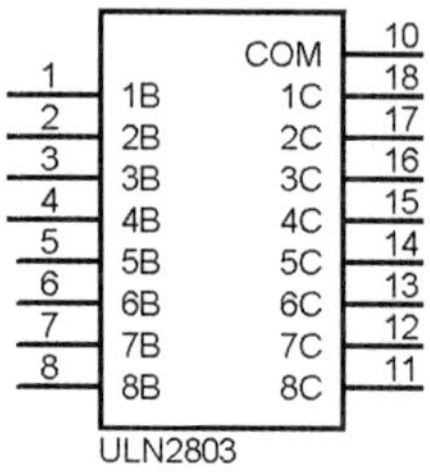

图 16-11　ULN2803 封装引脚

相序(定子绕组加电顺序)决定步进电机的转向,A—B—C—D 为正转,D—C—B—A 为反转。加电频率决定步进电机的转速。

参考程序

```c
#include <reg51.h>
typedef unsigned char uchar;
typedef unsigned int uint;

sbit AL = P1^0;
sbit BL = P1^1;
sbit CL = P1^2;
sbit DL = P1^3;

void vDelay(uint uiT)
{
  while(uiT--);
}
void main()
{
  uint i;
  while(1)
    {
    for(i = 0;i < 60000;i++)        //正转
      {
        AL = 1; BL = 0;CL = 0;DL = 0;vDelay(60000);
        AL = 0; BL = 1;CL = 0;DL = 0;vDelay(60000);
        AL = 0; BL = 0;CL = 1;DL = 0;vDelay(60000);
```

```
        AL = 0; BL = 0;CL = 0;DL = 1;vDelay(60000);
    }
    for(i = 0;i < 60000;i++)        //反转
    {
        AL = 0; BL = 0;CL = 0;DL = 1;vDelay(60000);
        AL = 0; BL = 0;CL = 1;DL = 0;vDelay(60000);
        AL = 0; BL = 1;CL = 0;DL = 0;vDelay(60000);
        AL = 1; BL = 0;CL = 0;DL = 1;vDelay(60000);
    }

    }
}
```

16.3 继电器驱动接口

继电器分为电压继电器和电流继电器,电压继电器采用电压线圈接收输入电压信号,电压线圈工作时与电源并联。电流继电器采用电流线圈接收电流信号,串联在电路中使用。

1. 直流电磁式继电器功率接口

直流电磁式继电器一般用功率接口集成电路或晶体管驱动,见图 16-12。

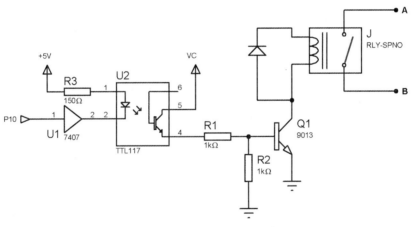

图 16-12　直流电磁式继电器功率接口

继电器由晶体管 9013 驱动,可提供 300mA 的驱动电流。VCC 为 6~30V。光耦合器件使用 TIL117,二极管 D 为泄流二极管,为线圈感应电流提供泄放回路,保护晶体管 9013。

2. 交流电磁式接触器功率接口

交流电磁式接触器通常使用双向晶闸管驱动,接口电路见图 16-13。

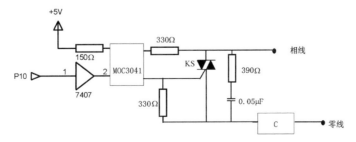

图 16-13　交流电磁式接触器功率接口

交流接触器 C 由双向晶闸管 KS 驱动。光耦合器 MOC3041 的作用是触发晶闸管 KS 以及隔离控制系统与接触器。

16.4　晶闸管驱动接口

作为一种大功率半导体控制器件,晶闸管具有弱电控制、强电输出的特点,可实现小功率控制大电流,包括 SCR、TRIAC 和 GTO。

16.4.1　单向晶闸管 SCR

单向晶闸管 SCR 接口电路见图 16-14。由 P1.0 经光隔离产生的信号控制 SCR(U5)的导通。导通角越大,输出电压越大。由于采用交流电源,在负半周时,SCR 截止,因此输出为半波整流信号。

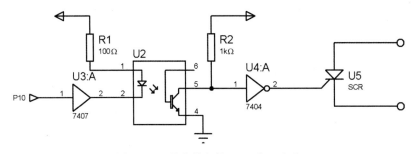

图 16-14　单向晶闸管 SCR 接口电路

参考程序

```c
#include <reg51.h>
typedef unsigned char uchar;
typedef unsigned int uint;

sbit POut = P1^0;
void vDelay(uint uiT)
{
  while(uiT--);
}
void main()
{
  uint i;
  while(1)
    {
     for(i=0;i<6000;i++)
      {
        POut = 1; vDelay(i);           //SCR 截止
        POut = 0; vDelay(6000-i);      //SCR 导通
      }
    }
}
```

16.4.2 双向晶闸管 TRIAC

双向晶闸管 TRIAC 接口电路见图 16-15。由 P1.0 经光隔离产生的信号控制 TRIAC 的导通。导通角越大,输出电压越大。TRIAC 双向导通,因此输出为全波信号。

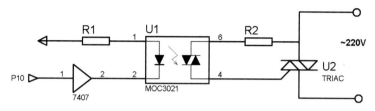

图 16-15 双向晶闸管 TRIAC 接口电路

第三部分 综 合 应 用

本部分在第一部分和第二部分设计基础上,实现 C 大调和弦合成器、日历时钟温度计和智能家居综合安防系统设计。包括:

第 17 章 C 大调和弦合成器

介绍 C 大调和弦生成原理和系统设计。

第 18 章 日历时钟温度计

利用 IIC 日历时钟和温度传感器芯片,实现日历时钟温度计系统设计。

第 19 章 智能家居综合安防系统

综合本书 I/O 扩展、显示扩展、通信扩展及传感器接口内容,实现一个应用功能较为完备的应用系统,可作为单片机各类综合应用系统的原型和框架,有良好的参考和移植价值。

C 大调和弦合成器

17.1 频率与声音

音乐由许多不同的音阶组成,每个音阶具有确定的频率。C 大调基本音阶标称频率见表 17-1。

表 17-1 C 大调基本音阶标称频率

音阶	1	2	3	4	5	6	7	1*
低频率/Hz	262	294	330	347	392	440	494	524
高频率/Hz	524	588	660	698	784	880	988	1024

C 大调基本和弦音阶组成见表 17-2。

表 17-2 C 大调基本和弦音阶组成

	C	Dm	Em	F	G	Am	G7
	1	2	3	4	5	6	5
组合音阶	3	4	5	6	7	1	7
	5	6	7	1	2	3	2
							4

根据表 17-2,C 大调和弦最多需要 4 个组合音阶。

设计由 8 个扬声器组成的阵列,根据和弦合成规律,可同时驱动发出多个不同频率的音阶,形成和弦效果。

C 大调各音阶由片内定时计数器 CT0 产生。初始化片内定时计数器为定时工作方式 1,产生 5000Hz 的基准频率,在 CT0 中断处理程序中产生 C 大调的 7 个基本音阶,通过 P1 端口输出驱动扬声器。

根据输入的和弦名,根据 C 大调和弦组合规律,利用 P2 口控制开关与阵列,控制相应音阶扬声器的开关,驱动扬声器输出相应音阶,形成和弦效果,实现和弦合成器功能。

C 大调和弦合成器由扬声器阵列、开关阵列和按键组成。

17.2 系统设计

1. 原理图

C 大调和弦合成器接口电路见图 17-1。

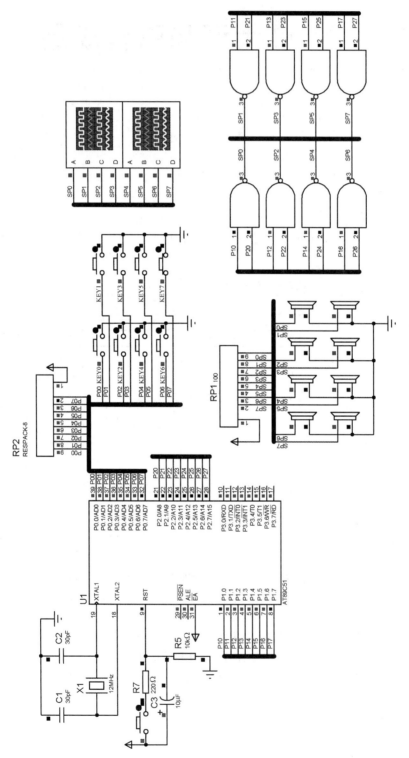

图 17-1　C 大调和弦合成器接口电路

2．按键

键盘提供按键输入，用按键 KEY1～KEY7 分别代表 C 大调的 7 个和弦名，见表 17-3。

表 17-3　键盘定义

键名	KEY1	KEY2	KEY3	KEY4	KEY5	KEY6	KEY7
C 和弦名	C	Dm	Em	F	G	Am	G7

3．开关阵列

开关阵列由 8 个二输入与非门组成，开关阵列信号定义见表 17-4。

表 17-4　开关阵列控制信号定义

控制信号名	功　能	控制信号名	功　能
P10	基准频率信号	P20	扬声器开关信号：0-关闭，1-打开
P11	C(1)音阶信号	P21	C(1)音阶开关：0-关闭，1-打开
P12	D(2)音阶信号	P22	D(2)音阶开关：0-关闭，1-打开
P13	E(3)音阶信号	P23	E(3)音阶开关：0-关闭，1-打开
P14	F(4)音阶信号	P24	F(4)音阶开关：0-关闭，1-打开
P15	G(5)音阶信号	P25	G(5)音阶开关：0-关闭，1-打开
P16	A(6)音阶信号	P26	A(6)音阶开关：0-关闭，1-打开
P17	B(7)音阶信号	P27	B(7)音阶开关：0-关闭，1-打开
SP0	扬声器 0 驱动	SP4	扬声器 4 驱动
SP1	扬声器 1 驱动	SP5	扬声器 5 驱动
SP2	扬声器 2 驱动	SP6	扬声器 6 驱动
SP3	扬声器 3 驱动	SP7	扬声器 7 驱动

4．扬声器阵列

扬声器阵列由 8 个扬声器组成，其中 SP0 用于测试基频信号，SP1～SP7 分别发出 C 大调的 7 个基本音阶。连接上拉电阻，增大驱动能力，改善声音效果。

扬声器信号通过数字示波器显示与调试。

17.3　参考程序

```
# include < REG51.h >
sbit BEEP = P2^4;
sbit P1key = P0^0;
sbit P2key = P0^1;
sbit P3key = P0^2;
sbit P4key = P0^3;
sbit P5key = P0^4;
sbit P6key = P0^5;
sbit P7key = P0^6;
sbit P8key = P0^7;

sbit BF0 = P1^0;
```

```c
sbit BF1 = P1^1;
sbit BF2 = P1^2;
sbit BF3 = P1^3;
sbit BF4 = P1^4;
sbit BF5 = P1^5;
sbit BF6 = P1^6;
sbit BF7 = P1^7;

unsigned char ucTH,ucTL;
bit KeyF;
unsigned char ucKD;
unsigned char ucKey()
{
        unsigned char KEY;
        if(P1key == 0) KEY = 1;
        else if(P2key == 0) KEY = 2;
        else if(P3key == 0) KEY = 3;
        else if(P4key == 0) KEY = 4;
        else if(P5key == 0) KEY = 5;
        else if(P6key == 0) KEY = 6;
        else if(P7key == 0) KEY = 7;
        else if(P8key == 0) KEY = 8;
        else KEY = 0;
    return KEY;
}
unsigned char vChord(unsigned char ucKey)
{
  unsigned char ucD = 0;
  switch (ucKey)
  {
    case 1: //C 和弦,输出 C(1)、E(3)、G(5)3 个音阶,P2 = 0x2a;
          ucD = 0x2a;break;
    case 2: //Dm 和弦,输出 D(2)、F(4)、A(6)3 个音阶,P2 = 0x74;
          ucD = 0x74;break;
    case 3://Em 和弦,输出 E(3)、G(5)、B(7)3 个音阶,P2 = 0xA8;
          ucD = 0xA8;break;
    case 4://F 和弦,输出 F(4)、A(6)、C(1)3 个音阶,P2 = 0x52;
          ucD = 0x52;break;
    case 5://G 和弦,输出 G(5)、B(7)、D(2)3 个音阶,P2 = 0xA4;
          ucD = 0xA4;break;
    case 6://Am 和弦,输出 A(6)、C(1)、E(3)3 个音阶,P2 = 0x4A;
          ucD = 0x4A;break;
    case 7: //G7 和弦,输出 G(5)、B(7)、D(2)、F(4)4 个音阶,P2 = 0xB4;
          ucD = 0xB4;KeyF = 1;break;
    default://全部扬声器关闭
          ucD = 0x00;break;
  }
    return ucD;
}
void Timer0(void) interrupt 1
{
```

```
    static unsigned int uiB;
    uiB = (uiB + 1) % 60000;
    BF0 = ~BF0;
    if(uiB % 191 == 0)  //C
        BF1 = ~BF1;
    if(uiB % 170 == 0)  //D
        BF2 = ~BF2;
    if(uiB % 152 == 0)  //E
        BF3 = ~BF3;
    if(uiB % 144 == 0)  //F
        BF4 = ~BF4;
    if(uiB % 128 == 0)  //G
        BF5 = ~BF5;
    if(uiB % 114 == 0)  //A
        BF6 = ~BF6;
    if(uiB % 101 == 0)  //B
        BF7 = ~BF7;
    ucTH = (65536 - 10)/256;             //基准频率 50000Hz
    ucTL = (65536 - 10) % 256;
}


void main(void)
{
    unsigned char ucD;
    ucTH = (65536 - 10)/256;             //基准频率 50000Hz
    ucTL = (65536 - 10) % 256;
    TMOD& = 0xF0;                        //CT0 方式 1
    TMOD| = 0x01;                        //16 位定时,加 1 计数
    TH0 = ucTH;
    TL0 = ucTL;
    TR0 = 1;                             //启动定时器 0
    ET0 = 1;                             //Timer0 中断允许
    EA = 1;                              //开全局中断
    while(1)
    {
        ucD = ucKey();
        ucD = vChord(ucD);
        P2 = ucD;                        //开关阵列控制信号
    }
}
```

第 18 章

CHAPTER 18

日历时钟温度计

18.1 系统结构与电路

1. 系统结构

日历时钟温度计系统由主控模块、显示模块、日历/时钟模块组成,见图 18-1。

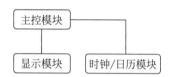

图 18-1 日历时钟温度计系统框图

2. 主控模块

主控模块由单片机基本电路组成,包括时钟电路、复位电路,见图 18-2。

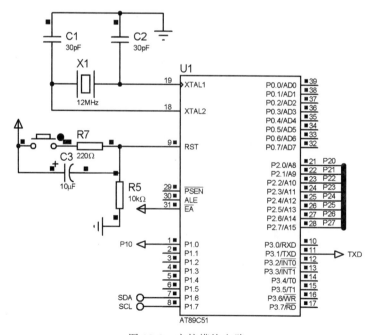

图 18-2 主控模块电路

3. 时钟/温度模块

时钟/温度模块(见图 18-3)由日历时钟芯片 PCF8583 和温度传感器 DS1621 组成,通过 IIC 总线连接主控单元,由主控单元 P1.7/P1.6 提供 IIC 总线需要的 SDA 和 SCL 信号。

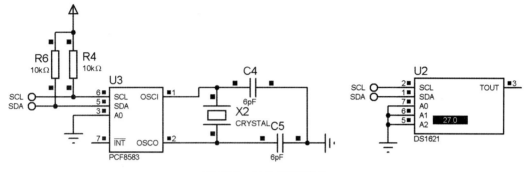

图 18-3 时钟/温度模块

4. 显示模块

由 4053 扩展单片机串行端口,连接 LCD1 和 LCD2 显示温度和时钟,见图 18-4。P1.0 作为 LCD1 和 LCD2 选择线,当 P1.0＝0 时,串行端口选通 LCD2;当 P1.0＝1 时,串行端口选通 LCD1。

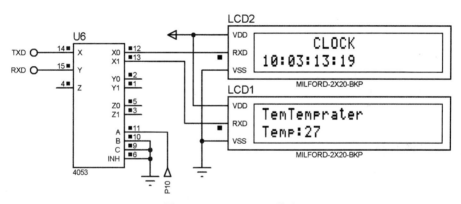

图 18-4 双 LCD 显示模块

18.2 参考程序

1. 主程序

```
# include < REG51.h >
# include < Intrins.h >
# include "PCF8583LCD.H"
# include "LCD1602S.H"
# include "stdio.H"
sbit SW = P1^0;
void vDelay(unsigned int uiT)
{
  while(uiT -- );
```

```
    }
void main(void)
{
    unsigned int ucD0,ucD1,ucD2,ucD3,ucD4,i,ucStr[20],ucD5;
    unsigned char ucT0[2]={0xac,0x20};
    unsigned char ucT1[]={0xee};
    vLCD1602SInit();
    delayms(10);
    WriteDS1621(0x90,ucT0,2); delayms(10);
    WriteDS1621(0x90,ucT1,1); delayms(10);
    while(1)
    {
      ucD4 = ReadPCF8583(0x01)&0x7f;              //读 1/1000 秒
      ucD0 = ReadPCF8583(0x02)&0x7f;              //读秒
      ucD1 = ReadPCF8583(0x03)&0x3f;              //读分
      ucD2 = ReadPCF8583(0x04);                   //读小时
      ucD3 = ReadPCF8583(0x05)&0x3f;              //读日
      ucD5 = ReadDS1621(0x90);
      sprintf(ucStr,"%02x:%02x:%02x:%02x",(unsigned int)ucD2,(unsigned int)ucD1,
(unsigned int)ucD0,(unsigned int)ucD4);
      SW = 0;
      LCDShowStr(1,0,ucStr);
      LCDShowStr(0,6,"CLOCK");
      sprintf(ucStr,"Temp:%02d",ucD5);
      SW = 1;
      LCDShowStr(1,0,ucStr);
      LCDShowStr(0,3,"Temprater");
      vDelay(10000);
    }
}
```

2. 时钟/温度检测程序

```
/////PCF8583LCD.H//
#ifndef __PCF8583LCD_H__
#define __PCF8583LCD_H__
extern void IICstart(void);
extern void IICstop(void);
extern void IICNACK();
extern void IICACK();
extern void Write1Byte(unsigned char Buf1);
extern unsigned char Read1Byte(void);
extern void WritePCF8591(unsigned char Databuf);
extern unsigned ReadPCF8591(unsigned char Ch);
extern void WritePCF8583(unsigned char Address,unsigned char Databuf);
extern unsigned ReadPCF8583(unsigned char Address);
extern unsigned char ReadDS1621(unsigned char Address);
extern void WriteDS1621(unsigned char Address,unsigned char * Data,unsigned char ucN);
extern unsigned char ucT[2];
#endif
//PCF8583LCD.C//
#include <REG51.h>
```

```c
# include < Intrins. h >
# include "PCF8583LCD. H"
sbit SCL = P1^7;
sbit SDA = P1^6;
void IICstart(void)
{
    SDA = 1;
    SCL = 1;
    _nop_();
    _nop_();
    SDA = 0;
    _nop_();
    _nop_();
    SCL = 0;
}

void IICstop(void)
{
    SDA = 0;
    SCL = 1;
    _nop_();
    _nop_();
    SDA = 1;
    _nop_();
    _nop_();
    SCL = 0;
}

void IICACK()
{
  SDA = 1;
  _nop_(); _nop_();_nop_(); _nop_();
  SCL = 1;
  _nop_(); _nop_();_nop_(); _nop_();
  SCL = 0;
  _nop_(); _nop_();_nop_(); _nop_();
  SDA = 1;
}

void IICNACK()
{
  SDA = 1;
  _nop_(); _nop_();_nop_(); _nop_();
  SCL = 1;
  _nop_(); _nop_();_nop_(); _nop_();
  SCL = 0;
  _nop_(); _nop_();_nop_(); _nop_();
  SDA = 0;
}

void Write1Byte(unsigned char Buf1)
```

```c
{
    unsigned char k;
    for(k = 0;k < 8;k++)
    {
        if(Buf1&0x80)
        {
            SDA = 1;
        }
        else
        {
            SDA = 0;
        }
        _nop_();
        _nop_();
        SCL = 1;
        Buf1 = Buf1 << 1;
        _nop_();
        SCL = 0;
        _nop_();
    }
    SDA = 1;
    _nop_();
    SCL = 1;
    _nop_();
    while(SDA == 1);
    _nop_();
    SCL = 0;
}

unsigned char Read1Byte(void)
{
    unsigned char k;
    unsigned char t = 0;
    for(k = 0;k < 8;k++)
    {
        t = t << 1;
        SDA = 1;
        SCL = 1;
        _nop_();
        _nop_();
        if(SDA == 1)
        {
            t = t|0x01;
        }
        else
        {
            t = t&0xfe;
        }
        SCL = 0;
        _nop_();
        _nop_();
```

```
        }
        return t;
}

void WritePCF8591(unsigned char Databuf)
{
    IICstart();
    Write1Byte(0x90);           //1001 A2 A1 A0 R/W
    Write1Byte(0x40);           //PCF8591 操作控制位
    Write1Byte(Databuf);
    IICstop();
}

unsigned ReadPCF8591(unsigned char Ch)
{
    unsigned char buf;
    IICstart();
    Write1Byte(0x90);           //1001 A2 A1 A0 R/W
    Write1Byte(0x40|Ch);        //PCF8591 操作控制位
    IICstart();
    Write1Byte(0x91);
    buf = Read1Byte();
    IICNACK();
    IICstop();
    return(buf);
}
void WritePCF8583(unsigned char Address,unsigned char Databuf)
{
    IICstart();
    Write1Byte(0xA0);           //发送 PCF8563 的器件地址和写信号
    Write1Byte(Address);        //发送地址
    Write1Byte(Databuf);        //发送数据
    IICstop();                  //产生 IIC 停止信号
}

unsigned ReadPCF8583(unsigned char Address)
{
    unsigned char buf;          //定义一个寄存器用来暂存读出的数据
    IICstart();                 //IIC 启动信号
    Write1Byte(0xA0);           //发送 PCF8563 的器件地址和写信号
    Write1Byte(Address);        //发送地址
    IICstart();                 //IIC 启动信号
    Write1Byte(0xA1);           //发送 PCF8563 的器件地址和读信号
    buf = Read1Byte();          //读一个字节数据
    IICNACK();
    IICstop();                  //产生 IIC 停止信号
    return(buf);                //将读出数据返回
}
void WriteDS1621(unsigned char Address,unsigned char * Data,unsigned char ucN)
{
    unsigned char i;
```

```c
    IICstart();
    Write1Byte(Address);            //发送地址
    for(i = 0; i < ucN; i++)
    {
     Write1Byte(Data[i]);
    }
    IICstop();                      //产生 IIC 停止信号
}


unsigned char ReadDS1621(unsigned char Address)
{
    unsigned char ucTT, ucTT0;
    IICstart();                     //IIC 启动信号
    Write1Byte(Address);            //发送器件地址和写信号
    Write1Byte(0xaa);               //读命令
    IICstart();                     //IIC 启动信号
    Write1Byte(Address|0x01);
    ucTT = Read1Byte();             //读一个字节数据
    IICACK();
    ucTT0 = Read1Byte();            //读一个字节数据
    IICNACK();
    IICstop();                      //产生 IIC 停止信号
    return ucTT;
}
```

3. 显示程序

```c
////LCD1602S.H//
#ifndef __LCD1602S_H__
#define __LCD1602S_H__
#include < reg51.h >
#include < intrins.h >
typedef unsigned char   uchar;
typedef unsigned int    uint;

extern void delayms(uint);
extern void vLCD1602SInit();
extern void putcLCD(uchar ucD);
extern uchar GetcLCD();
extern void vWRLCDCmd(uchar Cmd);
extern void LCDShowStr(uchar x, uchar y, uchar * Str);
extern void delayms(uint j);

#endif
//LCD1602.C///
#include "reg51.h"
#include "lcd1602s.h"

void delayms(uint);

void putcLCD(uchar ucD)
{
```

```
    SBUF = ucD;
    while(!TI);
    TI = 0;
}

uchar GetcLCD()
{
    while(!RI);
    RI = 0;
    return SBUF;
}

void vWRLCDCmd(uchar Cmd)
{
    putcLCD(0xfe);
    putcLCD(Cmd);
}

void LCDShowStr(uchar x, uchar y, uchar * Str)
{
    uchar code DDRAM[] = {0x80, 0xc0};
    uchar i;
    vWRLCDCmd(DDRAM[x]|y);
    i = 0;
    while(Str[i]!= '\0')
      {
          putcLCD(Str[i]); i = i++;
          delayms(10);
      }
}

void delayms(uint j)
{
      while (j-- );
}

void vLCD1602SInit()
{
    TMOD = 0x20;
    TH1 = 0xFD;
    TL1 = 0xFD;
    SCON = 0x50;
    RI = 0; TI = 0; TR1 = 1;
}
```

## 第 19 章

智能家居综合安防系统

19.1 系统结构与电路

1. 系统结构

系统结构见图 19-1，由主控模块、显示模块、温度采集模块、红外监测模块、时钟/日历模块、通信模块、报警模块、RAM/ROM 模块、I/O 扩展模块（8255A）和模拟量采集（温度采集＋红外监测）模块组成。

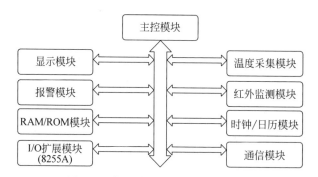

图 19-1 智能家居综合安防系统结构

2. 主控模块

主控模块由单片机系统基本电路组成，包括时钟电路、复位电路、总线扩展电路和地址译码电路，见图 19-2。74HC273 将 P0 口低 8 位锁存，形成独立的数据总线、地址总线和控制总线，为系统设计奠定三总线基础。74HC154 产生系统片选信号 $\overline{Y0} \sim \overline{Y15}$。

3. 显示模块

利用 1 片多路切换开关 CD4051 可实现单片机串行端口 8 路扩展，本应用使用其中的 4 路 X0、X1、X2、X3，连接 4 块串行 LCD1602（电路见图 19-3）作为系统显示模块。

LCD4 显示系统名称"Home Security System"，在系统进入报警状态时，在 LCD4 第二行显示报警信息"ALERT!!!"。

LCD3 显示 2 路红外监控信息，LCD2 显示 3 路温度监测信息，LCD1 显示日历时钟。

4. 通信模块

利用 CD4051 可动态选择地将系统温度检测、红外监测等信息，经串口发送给上位机。报警状态下可发生报警信息，接口电路与仿真结果见图 19-4。

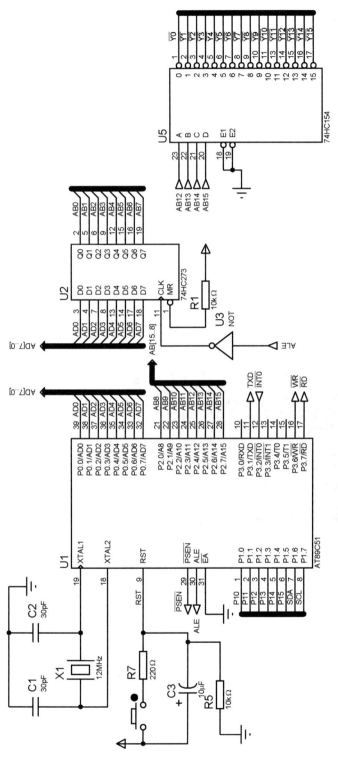

图 19-2 主控模块电路

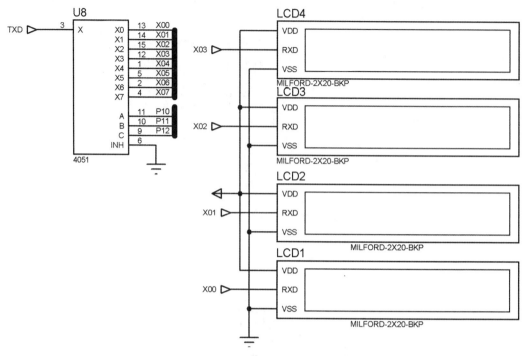

图 19-3　显示模块电路

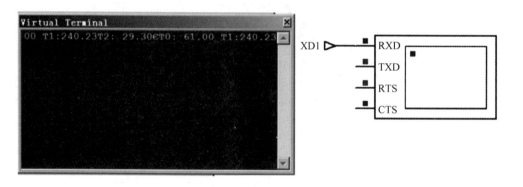

图 19-4　接口电路与仿真结果

5. 模拟量采集接口模块

由 1 片 8255A 和 1 片 ADC0809 组成模拟量输入接口见图 19-5,8255A 的 PB 端口连接 ADC0809 的 8 位数字量输入(数据端口)8255A 的 PC 端口,作为控制和状态端口,提供通道选择信号 ADDA、ADDB 和 ADDC,PC7 提供 ADC0809 转换启动信号 START,PC0 作为 ADC0809 转换完成状态信号输入端,PA 端口显示转换结果,为系统调试用。

用系统片选信号 $\overline{Y2}$ 为 8255A 片选信号,因此 PA/PB/PC 和控制口地址分别为 2000H/2001H/2002H 和 2003H。

6. 温度采集模块

温度采集模块由 1 片 LM25、1 片 LM45 和 1 片 DS1621 组成,可用于客厅、阳台和主卧的温度检测。LM25 和 LM45 通过模拟量输入接口 ADC0809 的通道 IN1 和 IN0 输入当前温度,DS1621 为 IIC 总线器件,通过 SCL(P1.7)和 SDA(P1.6)输入当前温度。接口电路见图 19-6。

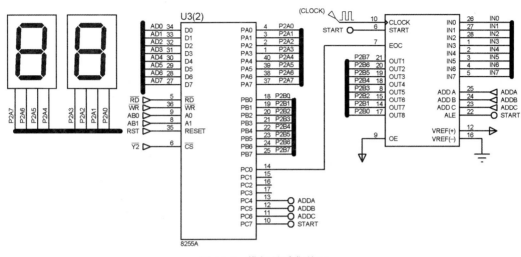

图 19-5 模拟量采集接口

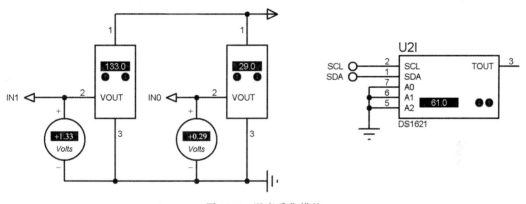

图 19-6 温度采集模块

7. 红外检测模块

红外监测模块接口见图 19-7。红外传感器 GP2Y0A 和 GP2D12 用于大门和后门的外人进入监测,通过模拟量输入接口 ADC0809 通道 IN2 和 IN3 输入。

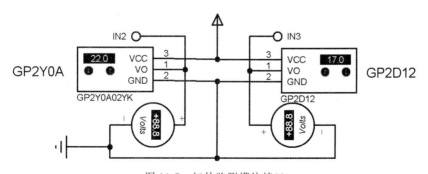

图 19-7 红外监测模块接口

8. I/O扩展模块

由 1 片 8255A(U31)作为 I/O 扩展模块,为键盘和报警提供 I/O 端口,见图 19-8。

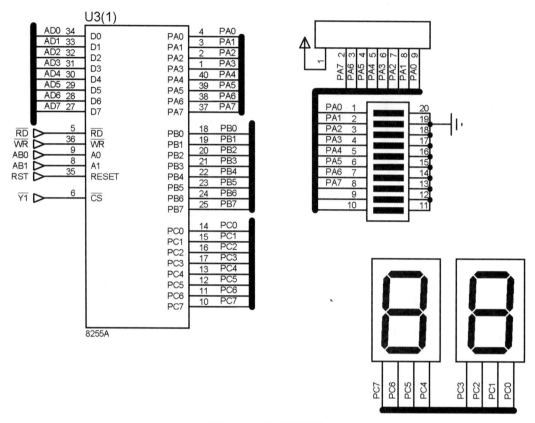

图 19-8   I/O 扩展模块

8255A(U31)的 PA 端口和 PC 端口设置为方式 0 输出,连接 LED 条(报警指示)和 2 位七段码 LED 显示器(BCD 输入)。LED 显示器低 4 位显示当前输入按键的键值。LED 显示器高 4 位在正常情况下,显示"0",在报警状态下闪烁显示"F"。

9. 报警模块

报警模块由 LED 条、LED 显示码和扬声器组成,见图 19-9。

正常情况下,PA0 驱动 LED 闪烁,标示系统运行正常,当温度、红外等监测到异常时,PA1~PA6 用闪烁标识相应的监测异常,PC7~PC4 驱动 LED 数码管显示"F"(FAIL),PA7 驱动扬声器报警,同时主显示屏 LCD4 显示"ALERT!!!",具体见显示模块部分的介绍。

10. 按键模块

按键接口见图 19-10。

利用 MM74C922 按键解码芯片为 4×4 按键接口,通过 I/O 扩展端口 8255A(U31)的 PB 端口输入,PC 端口的低 4 位 PC3~PC0 显示当前按键的键值。

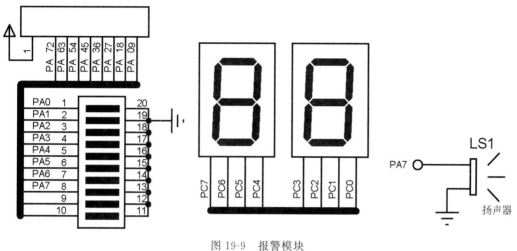

图 19-9　报警模块

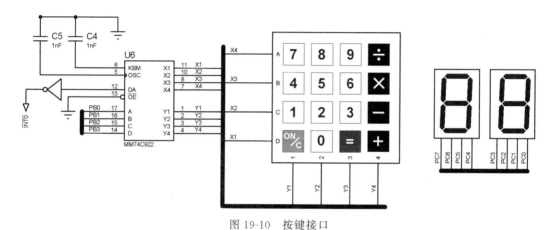

图 19-10　按键接口

19.2　参考程序

系统各模块接口芯片的原理、设计方法及程序已在本书第 3～16 章讲述，此处不再赘述。

1. 主程序

```
/////SHISS.C//
# include "reg51.h"
# include < absacc.h >
# include < stdio.h >
# include "lcd1602s.h"
# include "PCF8583LCD.H"
# include "P8255A.h"

sbit SW0 = P1^0;
sbit SW1 = P1^1;
sbit SW2 = P1^2;
```

```c
# define uchar unsigned char
# define uint unsigned int

# define P1A8255 XBYTE[0x1000]   //Y1
# define P1B8255 XBYTE[0x1001]
# define P1C8255 XBYTE[0x1002]
# define P1COM8255 XBYTE[0x1003]


void vDelay(unsigned int uiT )
{
  while(uiT -- ) ;
}

void EINT0() interrupt 0
{
    uchar ucD;
    ucD = P1B8255&0X0f; vDelay(1000);
    P1A8255 = ucD;vDelay(1000);
    P1C8255 = ucD;vDelay(1000);
}

void main()
{
  unsigned char i;
  unsigned int ucD0,ucD1,ucD2,ucD3,ucD4,ucStr[20];
  unsigned char ucT0[2] = {0xac,0x20};
  unsigned char ucT1[] = {0xee};
  float xdata fX1,fX0;
  IE = 0x81;
  IT0 = 1;
  P1COM8255 = 0x82;
  P2COM8255 = 0x83;
  vLCD1602SInit();
  WriteDS1621(0x90,ucT0,2);vDelay(100);
  WriteDS1621(0x90,ucT1,1);vDelay(100);
  while(1)
  {
      P1 = (P1&0xf8)|0x00;                    //LCD1
      ucD4 = ReadPCF8583(0x01)&0x7f;          //读 1/100 秒
      ucD0 = ReadPCF8583(0x02)&0x7f;          //读秒
      ucD1 = ReadPCF8583(0x03)&0x3f;          //读分
      ucD2 = ReadPCF8583(0x04);               //读小时
      ucD3 = ReadPCF8583(0x05)&0x3f;          //读日
      sprintf(ucStr," % 02x: % 02x: % 02x: % 02x",(unsigned int)ucD2,(unsigned int)ucD1,
(unsigned int)ucD0,(unsigned int)ucD4);
      LCDShowStr(1,0,ucStr);
      LCDShowStr(0,6,"CLOCK");

      ucD0 = ReadDS1621(0x90); vDelay(10);
      fX0 = ucD0 * 1.0;
```

```
            i = (i + 1) % 4;
            ucD1 = vADC0809(i); vDelay(10);
            fX1 = ucD1 * 5.0/256 * 100;
            /////////////////////
            switch (i)
            {
            case 0:
                P1 = (P1&0xf8)|0x01;                //LCD2
                sprintf(ucStr,"T0:%6.2f T1:%6.2f",fX0,fX1);
                LCDShowStr(0,0,ucStr);
                break;
            case 1:
                P1 = (P1&0xf8)|0x01;                //LCD2
                sprintf(ucStr,"T2:%6.2f",fX1);
                LCDShowStr(1,0,ucStr);
                break;
            case 2:
                P1 = (P1&0xf8)|0x02;                //LCD2
                sprintf(ucStr,"IR0:%6.1f",fX1);
                LCDShowStr(0,0,ucStr);
                break;
            case 3:
                P1 = (P1&0xf8)|0x02;                //LCD2
                sprintf(ucStr,"IR1:%6.1f",fX1);
                LCDShowStr(1,0,ucStr);
                break;
             }
        /////////////////////
        P1 = (P1&0xf8)|0x03;                //LCD4
        LCDShowStr(0,0,"Home security system");
//      vDelay(10000);
    }
}
```

2. 传感器检测模块（ADC0809）

```
///////P8255A.H////
#include<reg51.h>
#include<absacc.h>
#include<intrins.h>

#ifndef __P8255A_H__
#define __P8255A_H__

#define P2A8255 XBYTE[0x2000]  //Y2
#define P2B8255 XBYTE[0x2001]
#define P2C8255 XBYTE[0x2002]
#define P2COM8255 XBYTE[0x2003]
#define EOC P2C8255&0x01
#define OE1 P2A8255 = P2A8255|0x80
#define OE0 P2A8255 = P2A8255&0x7f
extern unsigned char vADC0809(unsigned char ucN);
```

```
#endif
///////P8255A.C////
#include <reg51.h>
#include <absacc.h>
#include <intrins.h>
#include "P8255A.h"

unsigned char vADC0809(unsigned char ucN)
{
    unsigned char ucD;
    switch (ucN)
    {
      case 0:
          P2C8255 = (P2C8255&0x8f)|0x00;
          P2C8255 = 0x00;P2C8255 = 0x80;P2C8255 = 0x00;          //启动
          break;
      case 1:
          P2C8255 = (P2C8255&0x8f)|0x10;
          P2C8255 = 0x10;P2C8255 = 0x90;P2C8255 = 0x10;          //启动
          break;
      case 2:
          P2C8255 = (P2C8255&0x8f)|0x20;
          P2C8255 = 0x20;P2C8255 = 0xA0;P2C8255 = 0x20;          //启动
          break;
      case 3:
          P2C8255 = (P2C8255&0x8f)|0x30;
          P2C8255 = 0x30;P2C8255 = 0xB0;P2C8255 = 0x30;          //启动
          break;
      case 4:
          P2C8255 = (P2C8255&0x8f)|0x40;
          P2C8255 = 0x40;P2C8255 = 0xC0;P2C8255 = 0x40;          //启动
          break;
      case 5:
          P2C8255 = (P2C8255&0x8f)|0x50;
          P2C8255 = 0x50;P2C8255 = 0xD0;P2C8255 = 0x50;          //启动
          break;
      case 6:
          P2C8255 = (P2C8255&0x8f)|0x60;
          P2C8255 = 0x60;P2C8255 = 0xE0;P2C8255 = 0x60;          //启动
          break;
      case 7:
          P2C8255 = (P2C8255&0x8f)|0x70;
          P2C8255 = 0x70;P2C8255 = 0xF0;P2C8255 = 0x70;          //启动
          break;
    }
//     P2COM8255 = 0x0e;P2COM8255 = 0x0f;P2COM8255 = 0x0e;
//     P2C8255 = 0x10;P2C8255 = 0x90;P2C8255 = 0x10;
    while(!(P2C8255&0x01));                                       //等待转换结束
    ucD = P2B8255;                                                //读数据
    P2A8255 = ucD;
    return ucD;
```

```
}
```

3. 显示与通信模块

```c
///////////////LCD1602S.H////
#include <reg51.h>
#include <intrins.h>

#ifndef __LCD1602S_H__
#define __LCD1602S_H__
typedef unsigned char  uchar;
typedef unsigned int   uint;

extern void delayms(uint);
extern void vLCD1602SInit();
extern void putcLCD(uchar ucD);
extern uchar GetcLCD();
extern void vWRLCDCmd(uchar Cmd);
extern void LCDShowStr(uchar x,uchar y,uchar * Str);
//extern void delayms(uint j);

#endif
///////////////LCD1602.C////
#include "reg51.h"
#include "lcd1602s.h"
void delayms(uint j)
{
    while (j-- );
}

void putcLCD(uchar ucD)
{
  SBUF = ucD;
  while(!TI);
  TI = 0;
}

uchar GetcLCD()
{
  while(!RI);
  RI = 0;
  return SBUF;
}

void vWRLCDCmd(uchar Cmd)
{
  putcLCD(0xfe);
  putcLCD(Cmd);
}

void LCDShowStr(uchar x,uchar y,uchar * Str)
{
```

```c
    uchar code DDRAM[] = {0x80,0xc0};
    uchar i;
    vWRLCDCmd(DDRAM[x]|y);
    i = 0;
    while(Str[i]!= '\0')
      {
          putcLCD(Str[i]);i = i++;
          delayms(10);
      }
}

void vLCD1602SInit()
{
    TMOD = 0x20;
    TH1 = 0xFD;
    TL1 = 0xFD;
    SCON = 0x50;
    RI = 0;TI = 0;TR1 = 1;
}
```

附录 A
APPENDIX A

Proteus 与 Keil 联合调试

Proteus 是英国 LabB Center Electronics 公司的电子设计自动化仿真工具软件,由 ISIS 和 ARES 两个软件构成。ISIS 是原理图编辑与仿真软件,ARES 是 PCB 设计软件。Proteus 提供了单片机仿真和 SPICE 电路仿真的完美结合,支持多种单片机系统仿真,包括 6800 系列、8051 系列、AVR 系列、PIC 系列、HC11 系列、Z80 系列等。支持第三方软件编译和调试,如 Keil μVision 等。

本章以一个流水灯应用实例,介绍在 Proteus ISIS 平台设计原理图、在 Keil μVison 平台设计 C 语言程序以及实现 Proteus ISIS 和 Keil μVison 联合调试。

关于 Proteus 和 Keil μVison 的详细使用,请参考 Proteus 和 Keil μVison 使用教程。

注意:建立目录 MyLEDS,将 Proteus 产生的原理图文件和 Keil μVison 产生的所有文件(程序文件、编译输出等)存放在该目录下,不设子目录。

A.1 Proteus 仿真原理图设计

A.1.1 原理图

流水灯电路原理见图 A-1,器件清单见表 A-1。

表 A-1 器件清单

名　　　称	编　　号	参　　数	说　　　明
AT89C51	U1		单片机
CAP	C1、C2	30pF	电容
CRYSTAL	X1	12MHz	晶振
RES	R7	220Ω	电阻
CRYSTAL	C3	10μF	电容
BUTTON	—	—	按键
RESPACK-8	RP1	10kΩ×8	电阻排
LED-BLUE	D1～D8	—	发光二极管

下面通过流水灯原理图绘制,介绍用 Proteus 绘制原理图的步骤。

A.1.2 用 Proteus 绘制原理图

1. 工作界面

双击桌面的 ISIS Professional 图标或选择"开始"→"程序"→Proteus Professional→ISIS Professional 选项,启动 Proteus ISIS,进入 ISIS 工作界面,见图 A-2。

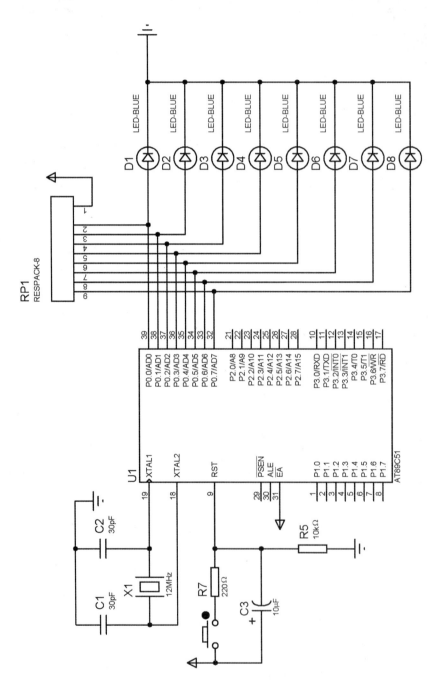

图 A-1 流水灯电路原理图

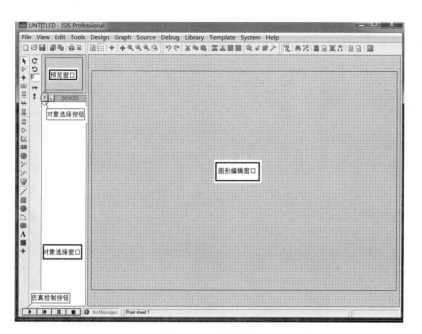

图 A-2　工作界面

工作界面是标准的 Windows 操作界面,包括标题栏、标准工具栏、绘图工具栏、预览窗口对象选择按钮、对象选择窗口、仿真控制按钮、图形编辑窗口。

2. 选取器件

电路器件见表 A-1。

按照如下步骤,从 Proteus 器件库找到这些器件:

(1) 在绘图工具栏中,单击"选择模式"(Selection Mode)或"器件模式"(Component Mode),见图 A-3。

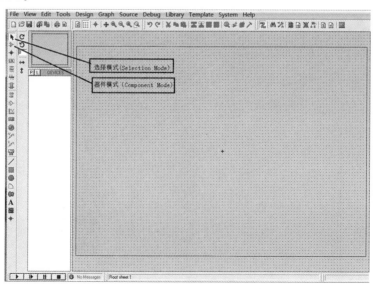

图 A-3　选择模式界面

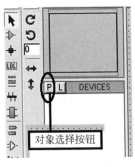

图 A-4　器件选择

（2）单击对象选择按钮 P(Picking from Libraries)，打开 Pick Devices 窗口，见图 A-4 和图 A-5。

（3）在 Keywords 栏输入器件名称 AT89C51，则器件名称出现在 Results 栏，器件预览出现在 Previews 栏，封装出现在 PCB 栏，见图 A-6。

单击 OK 按钮返回，则 AT89C51 已添加至对象选择器窗口，见图 A-7。

（4）使用同样的步骤，将原理图清单中的器件添加进对象选择器窗口，见图 A-8。

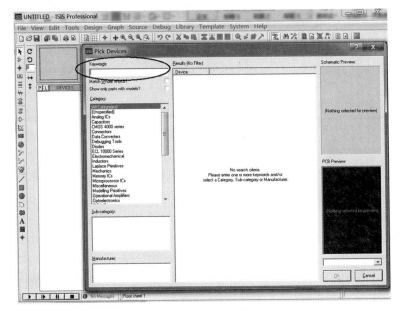

图 A-5　器件预览

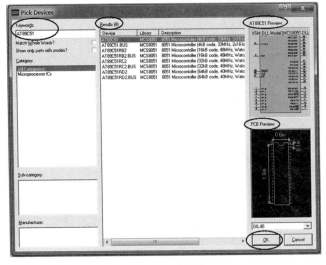

图 A-6　器件添加

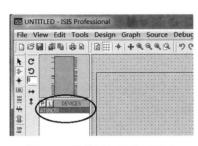

图 A-7 　器件添加至选择窗口

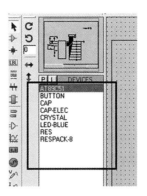

图 A-8 　添加全部器件

3. 放置器件

将这些添加在器件选择窗口的器件放入图形编辑窗口。

1）选中

单击对象选择窗口中的器件名,在器件名上出现蓝色条表示选中,同时该器件图出现在预览窗口,见图 A-9。

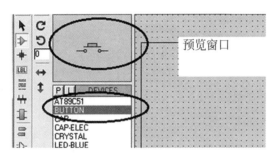

图 A-9 　选择器件

2）调整方向

利用对象方向控制按钮调整器件方向,见图 A-10。

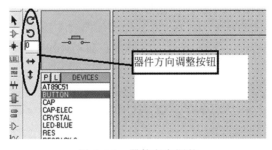

图 A-10 　器件方向调整

3）放置

在图形编辑窗口单击会出现器件虚像,将鼠标指针移到合适的位置后,单击,将器件放在选定位置。

4）移动

单击器件使其被选中，然后按住鼠标左键拖动，器件跟随指针移动，松开鼠标即放下。

5）调整显示

在编辑过程中，可选中器件，右击，调出调整菜单（见图 A-11），对器件进行旋转、X-镜像、Y-镜像操作。可通过鼠标滑轮放大、缩小显示。

4．放置电源/地

单击绘图工具栏中的"终端模式"（Terminal Mode）按钮，在对象选择窗口中单击POWER 选项，在图形编辑窗合适位置放置电源，见图 A-12。

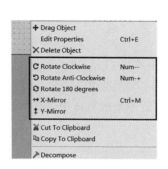

图 A-11　方向调整

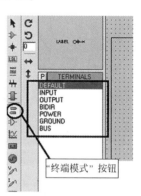

图 A-12　放置电源/地

用同样的方法，在"终端模式"下选择 GROUND 选项，将之放置在图形编辑窗口。

5．布线

单击器件连接端，会自动生成连线。

6．设置器件属性

对原理图中的电阻和电容，应设置参数。双击器件，打开编辑器件属性对话框，部分属性见图 A-13。

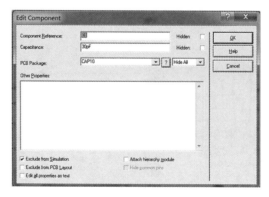

图 A-13　编辑器件属性对话框

按照原理图器件清单，设置电阻值、电容值即可。

7．输出电路图

单击主菜单中的 File→Save Design 命令（见图 A-14），将原理图文件保存在 MyLEDS 目录。

图 A-14　文件保存命令

A.2　Keil 程序设计

下面通过编辑、编译流水灯程序，介绍用 Keil 设计单片机 C 语言程序的步骤。

1．工作界面

Keil μVision 的工作界面是标准的 Windows 界面（见图 A-15），包括主菜单、工具栏、程序编辑窗口等。

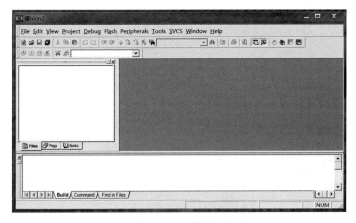

图 A-15　工作界面

2．创建工程

单击主菜单中的 Project→New Project 命令，如图 A-16 所示。

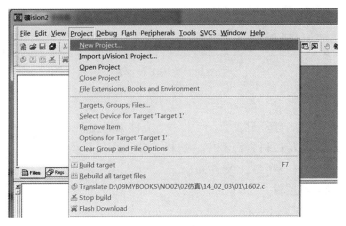

图 A-16　创建工程

创建过程。在 Project→New Project 中,选择创建新工程。

选择保存路径,输入过程文件名,如 LEDS,保存到已建立的 MYLEDS 目录。

随后弹出一个对话框,在这里选择单片机型号。

此处选择 Atmel→AT89C51,见图 A-17。

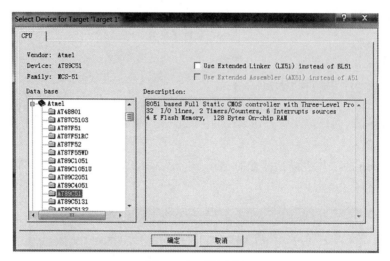

图 A-17 型号选择

完成工程创建,见图 A-18。

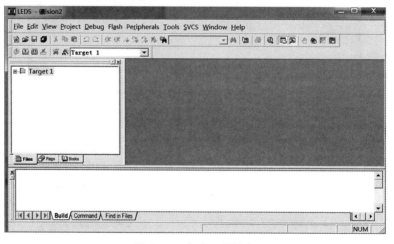

图 A-18 完成工程创建

3. 编辑程序

选择 File→New File,建立新文件,产生一个文件编辑窗口,见图 A-19。

在 Text1 窗口中输入 C 语言源程序。选择 File→Save As,将文件保存在 MYLEDS 目录下,文件名为 LEDS. c(必须是. c 文件)。

4. 添加 LEDS. c 到工程

单击 Taret1 前的"+"按钮,右击 Source Group1 选项,选择 Add Files to Group 'Source Group 1' 命令(见图 A-20),在弹出的文件选择窗口中选择新建的文件 LEDS. c。

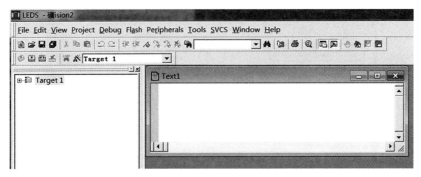

图 A-19　文件编辑窗口

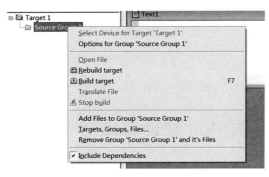

图 A-20　添加文件

5．环境变量设置

选中 Target1，右击选择 Option for Target 选项，打开如图 A-21 所示的对话框。

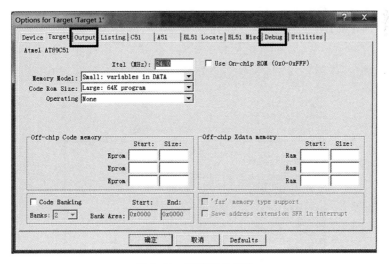

图 A-21　环境变量设置

在 Output 和 Debug 选项卡中完成文件输出路径和仿真设置，见图 A-22。

选中 Create HEX File 复选框。单击 Select Folder for Objects，选择前面建立的目录 MYLEDS 为输出文件目录。

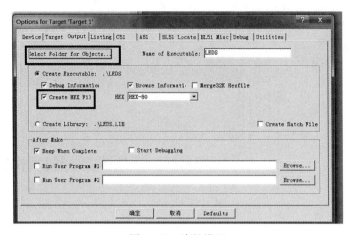

图 A-22　路径设置

6. 编译

单击 Project→Build All,完成编译,并在 MYLEDS 目录下生成 LEDS. hex 文件。

A.3　Proteus 与 Keil 联合调试

1. 安装 VDM51. DLL 文件

若 Proteus 和 Keil μVison 已正常安装,则将 C:\Program File\Labcenter Electronic\
Proteus Professional\MODELS\VDM51. dll 复制到 C:\Keil\C51\BIN 目录下。

若没有 VDM51. dll,则可去网上下载 vdmagdi. exe,并安装到 Keil 目录下。下载
VDM51. dll,将之直接复制到 C:\Keil\C51\BIN 目录下也可以。

2. 修改 TOOLS. INI 文件

用记事本打开 C:\Keil\TOOLS. INI 文件,在[C51]栏目下,添加"TDRV5 = BIN\
VDM51. DLL("PROTEUS VSM MONITOR-51 Driver")"并保存,如图 A-23 所示。

```
[UV2]
ORGANIZATION="Microsoft"
NAME="Microsoft S"
EMAIL="S"
Version=V2.2
BOOK0=UV2\RELEASE_NOTES.HTM("uVision2 Release Notes")
BOOK1=UV2\UV2.HLP("uVision2 User's Guide")
[C51]
PATH="C:\Keil\C51"
SN=K1DZP-5IUSH-A01UE
Version=V7.0
BOOK0=HLP\RELEASE_NOTES.HTM("Release Notes")
BOOK1=HLP\GS51.PDF("uVision2 Getting Started")
BOOK2=HLP\C51.PDF("C51 User's Guide")
BOOK3=HLP\C51LIB.CHM("C51 Library Functions",C)
BOOK4=HLP\A51.PDF("Assembler/Utilities")
BOOK5=HLP\TR51.CHM("RTX51 Tiny User's Guide")
BOOK6=HLP\DBG51.CHM("uVision2 Debug Commands")
BOOK7=HLP\ISD51.CHM("ISD51 In System Debugger")
BOOK8=HLP\FlashMon51.CHM("Flash Monitor")
BOOK9=MON390\MON390.HTM("MON390: Dallas Contiguous Mode Monitor")
TDRV0=BIN\MON51.DLL("Keil Monitor-51 Driver")
TDRV1=BIN\ISD51.DLL("Keil ISD51 In-System Debugger")
TDRV2=BIN\MON390.DLL("MON390: Dallas Contiguous Mode")
TDRV3=BIN\LPC2EMP.DLL("LPC900 EPM Emulator/Programmer")
TDRV4=BIN\UL2UPSD.DLL("ST-uPSD ULINK Driver")
TDRV5=BIN\VDM51.DLL("PROTEUS VSM MONITOR-51 Driver")
RTOS1=RTXTINY.DLL("RTX-51 Tiny")
RTOS2=RTX51.DLL("RTX-51 Full")
RTOS0=RTXTINY.DLL("RTX-51 Tiny")
```

图 A-23　修改 TOOLS. INI 文件

3. Proteus 设置

进入 Proteus ISIS 界面，选择 Debug→Use Remote Debug Monitor 选项，见图 A-24。

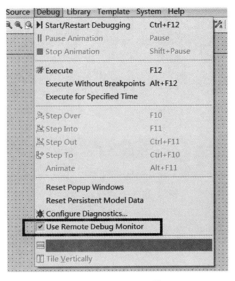

图 A-24　Proteus 设置

4. Keil 设置

选择 Project→Options for Target 选项，弹出 Options for Target 'Target 1' 对话框，选择 Debug 选项卡，选中 Use 单选按钮后在其下拉列表框中选择 PROTEUS VSM MONITOR-51 Driver 选项，见图 A-25。

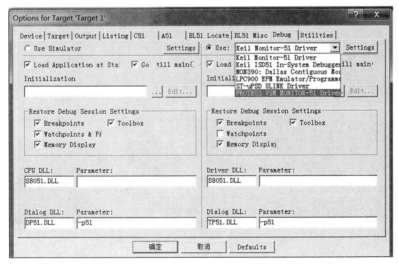

图 A-25　Keil 设置

5. 加载.hex 文件

在 Proteus 的 ISIS 界面，双击 AT89C51 器件，弹出如图 A-26 所示的对话框，在 Program File 后单击文件夹按钮，选择 Keil 下生成的 LEDS.hex。

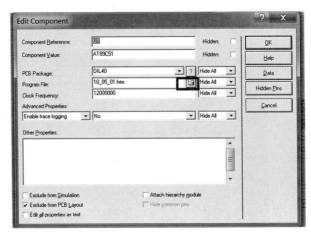

图 A-26 加载.hex 文件

6. Proteus 与 Keil 联合调试

在 Proteus 的 ISIS 界面选择 Debug→Start Debugging，在 Keil 环境下进入 Debug→ Start/Stop Debug Session 菜单，进行 Step/Step Over/Run 等仿真和调试，这时 Proteus 环境下的仿真原理图随着 Keil 中程序运行，同步显示运行结果，可观察到引脚的电平变化，红色代表高电平，蓝色代表低电平，灰色代表高阻态，黄色代表不确定，联调界面见图 A-27。

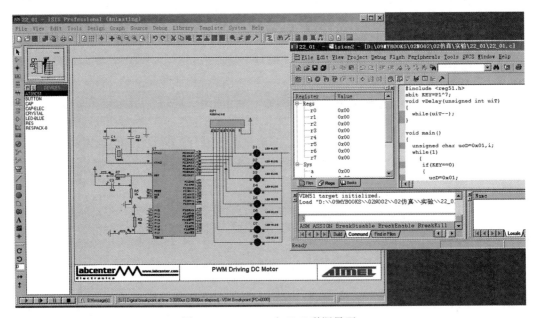

图 A-27 Proteus 和 Keil 联调界面

参 考 文 献

[1] 马忠梅，李元章，王美刚,等.单片机的 C 语言应用程序设计[M].6 版.北京：北京航空航天大学出版社,2017.

[2] 李林功.单片机原理与应用[M].北京：科学出版社,2016.

[3] 崔华,蔡炎光.单片机实用技术[M].北京：清华大学出版社,2004.

[4] 丁元杰.单片机原理与应用[M].北京：机械工业出版社,2005.

[5] 蒋力培.单片机原理与应用[M].北京：机械工业出版社,2004.

[6] 刘迎春.MCS-51 单片机原理与应用[M].北京：清华大学出版社,2005.

[7] 朱清慧.Proteus 教程[M].北京：清华大学出版社,2008.

[8] 张毅刚,刘杰.单片机原理及应用[M].哈尔滨：哈尔滨工业大学出版社,2004.

[9] 张大明.单片机控制技术[M].北京：机械工业出版社.2006.

图书资源支持

感谢您一直以来对清华大学出版社图书的支持和爱护。为了配合本书的使用，本书提供配套的资源，有需求的读者请扫描下方的"书圈"微信公众号二维码，在图书专区下载，也可以拨打电话或发送电子邮件咨询。

如果您在使用本书的过程中遇到了什么问题，或者有相关图书出版计划，也请您发邮件告诉我们，以便我们更好地为您服务。

我们的联系方式：

教学资源·教学样书·新书信息

地　　址：北京市海淀区双清路学研大厦 A 座 714

邮　　编：100084

电　　话：010-83470236　010-83470237

资源下载：http://www.tup.com.cn

客服邮箱：tupjsj@vip.163.com

QQ：2301891038（请写明您的单位和姓名）

人工智能科学与技术
人工智能|电子通信|自动控制

资料下载·样书申请

书圈

用微信扫一扫右边的二维码，即可关注清华大学出版社公众号。